21 世纪高职高专机电类专业规划教材

数 控 加 工 技 术

樊 雄 主编

邵 峰 唐运周 副主编

梁艳娟 主审

U0359593

化学工业出版社

·北京·

内 容 提 要

本书内容包括数控加工基本知识、数控车削加工技术、数控铣削加工技术、数控加工中心加工技术、自动编程加工技术，共 10 个项目，每个项目下设若干任务，每个项目和任务都有学习的目标和要求。

本书力求突出实用性，理论知识和技能有机融合，理论与实践一体化，在工作任务中进行相关知识的学习和技能的训练，各任务附有案例，以便于学习和掌握。

本书可作为各类职业技术院校、高等专科学校、成人高校的机械类及近机械类专业的教学用书，也可供有关工程技术人员参考。

图书在版编目（CIP）数据

数控加工技术/樊雄主编. —北京：化学工业出版社，2013.5（2023.8重印）
21 世纪高职高专机电类专业规划教材
ISBN 978-7-122-16919-8

Ⅰ.①数⋯　Ⅱ.①樊⋯　Ⅲ.①数控机床-加工-高等职业教育-教材　Ⅳ.①TG659

中国版本图书馆 CIP 数据核字（2013）第 065700 号

责任编辑：高　钰　　　　　　　　　　　文字编辑：闫　敏
责任校对：战河红　　　　　　　　　　　装帧设计：张　辉

出版发行：化学工业出版社（北京市东城区青年湖南街 13 号　邮政编码 100011）
印　　装：北京科印技术咨询服务有限公司数码印刷分部
787mm×1092mm　1/16　印张 13¼　字数 354 千字　2023 年 8 月北京第 1 版第 6 次印刷

购书咨询：010-64518888　　　　　　　　　售后服务：010-64518899
网　　址：http://www.cip.com.cn
凡购买本书，如有缺损质量问题，本社销售中心负责调换。

定　　价：39.00 元

编写人员

主　编　樊　雄

副主编　邵　峰　唐运周

参　编　罗进军　度国旭　黄斌斌

主　审　梁艳娟

前　言

数控技术是现代制造技术的基础，它的广泛应用，使整个制造业发生了根本性的变化。数控技术水平的高低、数控设备拥有量的多少以及数控技术的普及程度，已经成为衡量一个国家综合国力和工业现代化水平的重要标志。

进入 21 世纪以来，中国在全球机械制造业格局中占据了很大比重，数控技术的快速发展，在中国从制造业大国逐步转型为制造业强国过程中起着重要作用，数控技术高质量实用型人才的培养，对职业教育提出了更高的要求。应对工业化社会的需要，重视职业岗位能力，强调职业技能的训练，突出职业的针对性和适应性，在相当长时间内仍然是我国高职教育教学的重点。

"数控加工技术"是高等职业教育数控技术应用、机械设计与制造、机电一体化、模具设计与制造等专业的重要课程，课程中理论和实践密切相关，教学重点在于工艺制定、程序编写和操作加工过程实施，本教材采用了项目教学法，将课程分为 10 个项目、每个项目下设若干任务，内容涵盖数控加工基本知识、数控车削加工技术、数控铣削加工技术、数控加工中心加工技术、自动编程加工技术，其中重点内容为数控车床加工和数控铣床加工，教学以项目零件为载体，以任务为驱动，理论与实践结合为一体，在培养学生学习掌握数控专业知识的同时，培养学生动手能力、实践能力和职业素质。本书中数控机床的编程使用目前国内企业使用最广泛的广数 980TD 数控系统和 FANUC 0i Mate 数控系统，教学的内容围绕项目和任务进行。

本书共 10 个项目，参加本书编写的教师分工如下：樊雄编写前言、项目 1、项目 2、项目 3、项目 4、项目 6，邵峰编写项目 9、项目 10，唐运周编写项目 8，罗进军编写项目 5，度国旭、黄斌斌编写项目 7。

本书由樊雄主编，梁艳娟主审。

由于编者水平有限，书中不妥之处在所难免，恳请专家和广大读者批评指正。

编　者

2013 年 1 月

目 录

项目 **1**

认 识 数 控

任务目标

了解数控机床的历史和发展概况以及发展趋势，了解数控加工的特点和基本概念，熟悉数控机床的基本组成、常用数控机床分类和应用，掌握开环、闭环、半闭环数控系统的结构特点和性能特点，熟练掌握和严格遵守数控机床安全操作规程。

任务要求

画出数控机床的组成示意图，简述各组成部分的功能，画出开环、闭环、半闭环数控系统的组成示意图，并说出各系统特点。

相关知识

一、数控机床的产生与发展

1952 年，美国帕森斯公司和麻省理工学院研制成功了世界上第一台数控机床，研制的目的是加工航天航空复杂零件。半个世纪以来，数控技术得到了迅猛的发展，加工精度和生产效率不断提高。数控机床（Numerically Controlled Machine Tool，NCMT）的发展至今已经历了六个时代：

1952 年的第一代——电子管数控机床；

1959 年的第二代——晶体管数控机床；

1965 年的第三代——集成电路数控机床；

1970 年的第四代——小型计算机数控机床；

1974 年的第五代——微型计算机数控系统；

1990 年的第六代——基于 PC 的数控机床。

随着微电子技术和计算机技术的不断发展，数控技术也随之不断更新，发展非常迅速，其在制造领域的加工优势逐渐体现出来。

二、数控机床的概念及组成

（一）数控机床的基本概念

① 数控（NC）。数控是采用数字化信息对机床的运动及其加工过程进行控制的方法。

② 数控机床（NCMT）。数控机床是指装备了计算机数控系统的机床，简称 CNC 机床。

（二）数控机床加工零件的过程

利用数控机床完成零件加工的过程，如图 1-1 所示，主要包括以下内容。

① 零件工艺分析。根据零件加工图样进行工艺分析，确定加工方案、工艺参数和位移

1

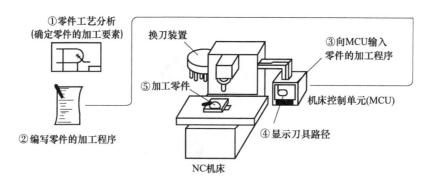

图 1-1　数控机床加工零件的过程

数据。

② 编写零件加工程序。用规定的程序代码和格式编写零件加工程序单，或用自动编程软件直接生成零件的加工程序文件。

③ 程序的输入或传输。由手工编写的程序，可以通过数控机床的操作面板输入程序；由编程软件生成的程序，通过计算机的串行通信接口直接传输到数控机床的数控单元（MCU）。

④ 显示刀具路径。将输入或传输到数控单元的加工程序，进行刀具路径模拟、试运行等。

⑤ 加工零件。通过对机床正确操作运行程序，完成零件的加工。

（三）数控机床的组成

数控机床由输入/输出装置、计算机数控装置（简称 CNC 装置）、伺服系统和机床本体等部分组成，其组成框图如图 1-2。其中输入/输出装置、CNC 装置、伺服系统合起来就是计算机数控系统。反馈装置一般可分为光栅、磁栅、编码器等。

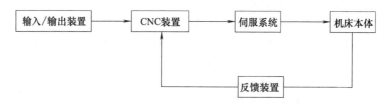

图 1-2　数控机床的组成

1. 输入/输出装置

程序通过输入装置，输送给机床数控系统，机床内存中的零件加工程序可以通过输出装置传出。输入/输出装置是机床与外部设备的接口，常用输入装置有外接软盘驱动器、RS-232C 串行通信口、U 盘接口等。

2. CNC 装置

CNC 装置是数控机床的核心，它接受输入装置送来的数字信息，经过控制软件和逻辑电路进行译码、运算和逻辑处理后，将各种指令信息输出给伺服系统，使设备按规定的动作执行。现在的 CNC 装置通常由一台通用或专用微型计算机构成。

3. 伺服系统

伺服系统是数控机床的执行部分，其作用是把来自 CNC 装置的脉冲信号转换成机床的运动，使机床移动部件精确定位或按规定的轨迹做严格的相对运动，最后加工出符合图纸要求的零件。每一个脉冲信号使机床移动部件产生的位移量叫做脉冲当量（也叫最小设定单位），常用的脉冲当量为刀 0.001mm/脉冲。每个进给运动的执行部件都有相应的伺服系统，伺服系统的精度及动态响应决定了数控机床加工零件的表面质量和生产率。

伺服系统一般包括驱动装置（驱动电路）和执行机构两大部分，常用执行机构有步进电机、直流伺服电机、交流伺服电机等。

4. 机床本体

机床本体是数控机床的机械结构实体。与普通机床相比，数控机床有以下特点。

① 采用高性能主传动及主轴部件。具有传递功率大、刚度高、抗振性好及热变形小等优点。

② 进给传动采用高效传动件。具有传动链短、结构简单、传动精度高等特点，一般采用滚珠丝杠副、直线滚动导轨副等。

③ 自动换刀。

④ 机床本身具有很高的动、静刚度。

⑤ 对于半闭环、闭环数控机床，还带有检测反馈装置，使加工精度得到保证。

⑥ 采用全封闭罩壳。由于数控机床是自动完成加工，为了操作安全等，一般采用移动门结构的全封闭罩壳，对机床的加工部件进行全封闭。

三、数控机床的种类与应用

数控机床的分类方法很多，大致有以下几种。

（一）按工艺用途分类

数控机床是在普通机床的基础上发展起来的，各种类型的数控机床基本上起源于同类型的普通机床，按工艺用途分类，大致有以下几种。

1. 金属切削类数控机床

该类机床指采用车、铣、键、铰、钻、磨、刨等各种切削工艺的数控机床。

2. 金属成型类数控机床

该类机床指采用挤、冲、压拉等成型工艺的数控机床。包括数控折弯机、数控组合冲床、数控弯管机、数控压力机等。这类机床起步晚，但目前发展很快。

3. 数控特种加工机床

该类机床包括如数控线切割机床、数控火焰切割机床、数控激光切割机床等。

4. 其他类型的数控机床

如数控三坐标测量仪、数控对刀仪、数控电火花加工机床、数控绘图仪等。

（二）按机床运动的控制轨迹分类

1. 点位控制数控机床

点位控制数控机床只要求控制机床的移动部件从某一位置移动到另一位置的准确定位，对于两位置之间的运动轨迹没有严格要求，在移动过程中刀具不进行切削加工，如图1-3所示。具有点位控制功能的数控机床有数控钻床、数控冲床、数控镗床、数控点焊机等。

2. 直线控制数控机床

直线控制数控机床的特点是除了控制点与点之间的准确定位外，还要保证两点之间移动

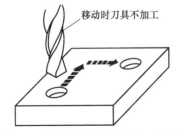

图1-3　点位控制数控机床加工示意

图1-4　直线控制数控机床加工示意

的轨迹是一条与机床坐标轴平行的直线，如图1-4所示。具有直线控制功能的数控机床有比较简单的数控车床、数控铣床、数控磨床等。单纯用于直线控制的数控机床已不多见。

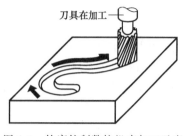

图1-5　轮廓控制数控机床加工示意

3. 轮廓控制数控机床

轮廓控制又称连续轨迹控制，这类数控机床能够对两个或两个以上的运动坐标的位移及速度进行连续相关控制，因而可以进行曲线或曲面的加工，如图1-5所示。具有轮廓控制功能的数控机床有数控车床、数控铣床、加工中心等。

（三）按伺服控制的方式分类

1. 开环控制系统

开环控制系统是指不带反馈的控制系统，通常用功率步进电机或电液伺服电机作为执行机构。输入的数据经过数控系统的运算，发出指令脉冲，通过环形分配器和驱动电路，使步进电机或电液伺服电机转过一个步距角，再经过减速齿轮带动丝杠旋转，最后转换为工作台的直线移动，如图1-6所示。移动部件的移动速度和位移量是由输入脉冲的频率和脉冲数所决定的。

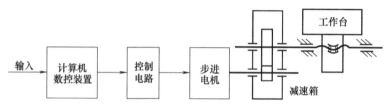

图1-6　开环控制系统

开环控制具有结构简单、系统稳定、调试容易、成本低等优点。但是系统对移动的误差没有补偿和校正，所以精度低，一般适用于经济型数控机床和旧机床数控化改造。

2. 闭环控制系统

闭环控制系统是在机床移动部件上直接装有位置检测装置，将测量的结果直接反馈到数控装置中，与输入的指令位移进行比较，用偏差进行控制，使移动部件按照实际的要求运动，最终实现精确定位，其原理如图1-7所示。因为把机床工作台纳入了位置控制环，所以称为闭环控制系统。该系统可以消除包括工作台传动链在内的运动误差，因而定位精度高、调节速度快。但由于该系统受进给丝杠的拉压刚度、扭转刚度、摩擦阻尼特性和间隙等非线性因素的影响，给调试工作造成较大的困难。如果各种参数匹配不当，将会引起系统振荡，造成不稳定，影响定位精度。可见闭环控制系统复杂并且成本高，故适用于精度要求很高的数控机床，如精密数控键铣床、超精密数控车床等。

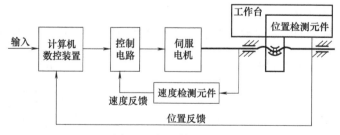

图1-7　闭环控制系统

3. 半闭环控制系统

如图1-8所示，半闭环控制系统是在开环系统的丝杠上装有角位移测量装置（如感应同步器和光电编码器等），通过检测丝杠的转角间接地检测移动部件的位移，然后反馈到数控系统中，由于惯性较大的机床移动部件不包括在检测范围之内，因而称为半闭环控制系统。

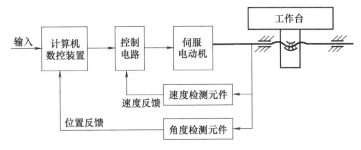

图 1-8 半闭环控制系统

在这种系统中，闭环回路内不包括机械传动环节，因此可获得稳定的控制特性。而机械传动环节的误差可用补偿的办法消除，因此仍可获得满意的精度。中档数控机床广泛采用半闭环数控系统。

四、数控机床加工的特点及应用

（一）数控机床加工的特点

数控机床与普通机床相比，具有以下特点。

1. 可以加工具有复杂型面的工件

在数控机床上加工零件，零件的形状主要取决于加工程序。因此只要能编写出程序，无论工件多么复杂都能加工。例如，采用五轴联动的数控机床，就能加工螺旋桨的复杂空间曲面。

2. 加工精度高，质量稳定

数控机床本身的精度比普通机床高，一般数控机床的定位精度为±（0.01～0.005）mm，重复定位精度为±0.005mm，在加工过程中操作人员不参与操作，因此工件的加工精度全部由数控机床保证，消除了操作者的人为误差；又因为数控加工采用工序集中，减少了工件多次装夹对加工精度的影响，所以工件的精度高，尺寸一致性好，质量稳定。

3. 生产率高

数控机床可有效地减少零件的加工时间和辅助时间。数控机床主轴转速和进给量的调节范围大，允许机床进行大切削量的强力切削，从而有效地节省了加工时间。数控机床能进行重复性操作，尺寸一致性好，减少了次品率和检验时间。

4. 改善劳动条件

使用数控机床加工零件时，操作者的主要任务是程序编辑、程序输入、装卸零件、刀具准备、加工状态的观测、零件的检验等，劳动强度极大降低。

5. 有利于生产管理现代化

使用数控机床加工零件，可预先精确估算出零件的加工时间，所使用的刀具、夹具可进行规范化、现代化管理。数控机床使用数字信号与标准代码为控制信息，易于实现加工信息的标准化，目前已与计算机辅助设计与制造（CAD/CAM）有机地结合起来，是现代集成制造技术的基础。

（二）数控机床的适用范围

从数控机床加工的特点可以看出，数控机床加工的主要对象有以下几种。

① 多品种、单件小批量生产的零件或新产品试制中的零件。

② 几何形状复杂的零件。

③ 精度及表面粗糙度要求高的零件。

④ 加工过程中需要进行多工序加工的零件。

⑤ 用普通机床加工时，需要昂贵工装设备（工具、夹具和模具）的零件。

五、数控机床的发展趋势

（一）性能发展方向

① 高速高精高效化。速度、精度和效率是机械制造技术的关键性能指标。由于采用了高速 CPU 芯片、RISC 芯片、多 CPU 控制系统以及带高分辨率绝对式检测元件的交流数字伺服系统，同时采取了改善机床动态、静态特性等有效措施，机床的高速高精高效化已大大提高。

② 柔性化。包含两方面：数控系统本身的柔性，数控系统采用模块化设计，功能覆盖面大，可裁剪性强，便于满足不同用户的需求；群控系统的柔性，同一群控系统能依据不同生产流程的要求，使物料流和信息流自动进行动态调整，从而最大限度地发挥群控系统的效能。

③ 工艺复合性和多轴化。以减少工序、辅助时间为主要目的的一种复合加工，正朝着多轴、多系列控制功能方向发展。数控机床的工艺复合化是指工件在一台机床上一次装夹后，通过自动换刀、旋转主轴头或转台等各种措施，完成多工序、多表面的复合加工。各大数控系统开发商都在不遗余力地开发多轴、多系列控制功能数控系统，西门子 880 系统控制轴数可达 24 轴。

④ 实时智能化。而人工智能则试图用计算模型实现人类的各种智能行为。

（二）功能发展方向

① 用户界面图形化。用户界面是数控系统与使用者之间的对话接口。由于不同用户对界面的要求不同，因而开发用户界面的工作量极大，用户界面成为计算机软件研制中最困难的部分之一。图形用户界面极大地方便了非专业用户的使用，人们可以通过窗口和菜单进行操作，便于蓝图编程和快速编程、三维彩色立体动态图形显示、图形模拟、图形动态跟踪和仿真、不同方向的视图和局部显示比例缩放功能的实现。

② 科学计算可视化。科学计算可视化可用于高效处理数据和解释数据，使信息交流不再局限于用文字和语言表达，而可以直接使用图形、图像、动画等可视信息。可视化技术与虚拟环境技术相结合，进一步拓宽了应用领域，如无图纸设计、虚拟样机技术等，这对缩短产品设计周期、提高产品质量、降低产品成本具有重要意义。

③ 多媒体技术应用。多媒体技术集计算机、声像和通信技术于一体，使计算机具有综合处理声音、文字、图像和视频信息的能力。在数控技术领域，应用多媒体技术可以做到信息处理综合化、智能化，在实时监控系统和生产现场设备的故障诊断、生产过程参数监测等方面有着重大的应用价值。

（三）体系结构的发展

① 集成化。采用高度集成化 CPU、RISC 芯片和大规模可编程集成电路 FPGA、EPLD、CPLD 以及专用集成电路 ASIC 芯片，可提高数控系统的集成度和软硬件运行速度，通过提高集成电路密度、减少互连长度和数量来降低产品价格，改进性能，减小组件尺寸，提高系统的可靠性。

② 模块化。硬件模块化易于实现数控系统的集成化和标准化。根据不同的功能需求，将基本模块，如 CPU、存储器、位置伺服、PLC、输入输出接口、通信等模块，做成标准的系列化产品，通过积木方式进行功能裁剪和模块数量的增减，构成不同档次的数控系统。

③ 网络化。机床联网可进行远程控制和无人化操作。通过机床联网，可在任何一台机床上

对其他机床进行编程、设定、操作、运行，不同机床的画面可同时显示在每一台机床的屏幕上。

④ 通用型开放式闭环控制模式。由于制造过程是一个具有多变量控制和加工工艺综合作用的复杂过程，包含诸如加工尺寸、形状、振动、噪声、温度和热变形等各种变化因素，因此，要实现加工过程的多目标优化，必须采用多变量的闭环控制，在实时加工过程中动态调整加工过程变量。加工过程中采用开放式通用型实时动态全闭环控制模式，易于将计算机实时智能技术、网络技术、多媒体技术、CAD/CAM、伺服控制、自适应控制、动态数据管理及动态刀具补偿、动态仿真等高新技术融于一体，构成严密的制造过程闭环控制体系，从而实现集成化、智能化、网络化。

六、知识链接

这里列举出几个学习数控机床相关知识的网站。

数控论坛（http：//bbs. shukongwang. com/）

数控工作室（http：//www. busnc. com/）

数控网（http：//www. shukongwang. com）

七、数控机床安全操作规程

（一）数控车床安全操作规程

① 未经培训者严禁开机，实训人员必须在老师的指导下操作。

② 工作时请穿好工作服、安全鞋，长发要戴好工作帽，不允许戴手套操作机床。

③ 调整刀具及装夹工件所用工具不要遗忘在机床内。

④ 机床只能一人进行操作，不能多人同时操作或在别人操作时进行干扰。

⑤ 禁止用手接触刀尖和铁屑，铁屑必须要用铁钩子或毛刷来清理。

⑥ 禁止用手或其他任何方式接触正在旋转的主轴、工件或其他运动部位。

⑦ 车床运转中，操作者不得离开岗位，发现异常现象应立即按下急停键停机。

⑧ 新输入程序自动运行时必须先单段运行，并随时检查运行程序段是否正确。

⑨ 程序自动运行时用右手食指按自动运行键启动，中指放在进给保持键，随时准备停止运行。

⑩ 关机前要将车床回零，按下急停键，依次关掉电源。

（二）数控铣床安全操作规程

① 未经培训者严禁开机，实训人员必须在老师的指导下操作。

② 工作时请穿好工作服，长发要戴好工作帽，禁止戴手套操作机床。

③ 手动及自动运行前必须设定好进给倍率，时刻注意轴的运动方向，避免发生碰撞。

④ 机床只能一人进行操作，不能多人同时操作或在别人操作时进行干扰。

⑤ 禁止用手接触刀尖和铁屑，铁屑必须要用铁钩子或毛刷来清理。

⑥ 机床运转中，操作者不得离开岗位，发现异常现象应立即按下急停键停机。

⑦ 新输入程序自动运行时必须先单段运行，并随时检查运行程序段是否正确。

⑧ 程序自动运行时用右手食指按自动运行键启动，中指放在进给保持键，随时准备停止运行。

⑨ 关机前使刀具停在工作台的中间位置，按下急停键，依次关闭电源。

（三）加工中心安全操作规程

① 未经培训者严禁开机，实训人员必须在老师的指导下操作。

② 工作时请穿好工作服，长发要戴好工作帽，禁止戴手套操作机床。

③ 手动及自动运行前必须设定好进给倍率，时刻注意轴的运动方向，避免发生碰撞。

④ 机床只能一人进行操作，不能多人同时操作或在别人操作时进行干扰。

⑤ 手动装刀必须在主轴上进行。

⑥ 机床自动换刀过程中不允许进行其他操作。

⑦ 禁止用手接触刀尖和铁屑，铁屑必须要用铁钩子或毛刷来清理。

⑧ 机床运转中，操作者不得离开岗位，发现异常现象应立即按下急停键停机。

⑨ 新输入程序自动运行时必须先单段运行，并随时检查运行程序段是否正确。

⑩ 程序自动运行时用右手食指按自动运行键启动，中指放在进给保持键，随时准备停止运行。

⑪ 关机前使刀具停在工作台的中间位置，按下急停键，依次关闭电源。

项目 2

定位销轴的数控车削加工

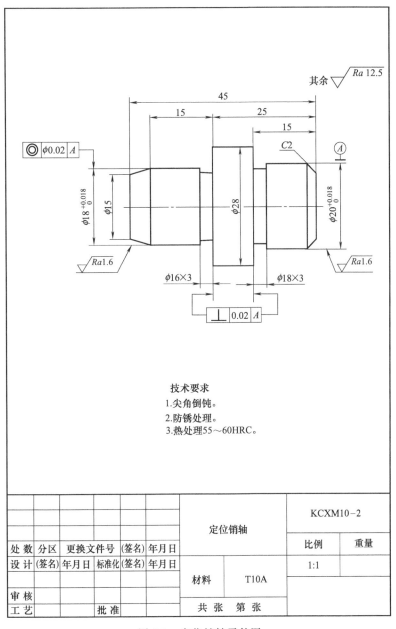

技术要求
1.尖角倒钝。
2.防锈处理。
3.热处理55~60HRC。

					定位销轴		KCXM10-2	
							比例	重量
处 数	分区	更换文件号	(签名)	年月日				
设 计	(签名)	年月日	标准化	(签名)年月日	材料	T10A	1:1	
审 核								
工 艺			批 准		共 张 第 张			

图2-1 定位销轴零件图

学习目标

1. 知识目标

掌握轴类零件的加工技术要求，能制定数控加工工艺，编制数控加工工艺过程卡、工序卡和工艺卡，熟练掌握圆柱与圆锥外形工件的车削、切断和切槽车削编程。

2. 技能目标

熟练掌握数控车床基本操作及对刀，数控车削加工中刀具和量具的使用，加工质量的检验及精度控制方法。

项目实施

本项目以定位销轴（图 2-1 所示）为载体，学习数控加工基本知识，下设 8 个任务，任务 1～7 进行单项知识和技能学习与训练，以任务 8 完成项目工件定位销轴的工艺制定和数控编程加工。

任务 1　分析图纸及制定工艺

任务目标

复习巩固和应用机械制图知识，金属材料及热处理知识，机械制造工艺知识。

任务要求

读定位销轴零件图，写出读图分析报告，制定加工工艺方案，完成加工工艺卡片。

任务分析

本次课要用到机械制图、机械制造工艺的有关知识。必须认真读图，分析技术要求，设计加工路线。

相关知识

一、分析图纸

读图参考步骤如下。

① 读标题栏，零件的名称、绘图比例、图纸编号。

② 解释牌号 T10A，说明材料种类、成分、性能、应用及热处理特点。

③ 零件基本组成，$Ra12.5$、$Ra1.6$ 表示什么？表面质量高低排序。

④ 将尺寸按精度高低进行排序，说明加工过程影响精度的因素。

⑤ 了解热处理的退火、正火、淬火和回火工艺及应用，读懂零件的硬度 60HRC。

⑥ 选择加工机床种类和型号，解释机床型号。

二、制定销轴加工工艺

1. 零件分析及工艺措施

（1）零件特点分析

零件的组成结构特点，零件的类型和材料，有无热处理和硬度要求，各部位表面粗糙度和尺寸精度要求排序。

（2）加工工艺措施

编程尺寸选择和处理，加工顺序安排。

2. 选择设备

数控系统：GS（广州数控）980TD

机床型号：CJK6132

C 表示车床；J 表示经济型；K 表示数控；61 表示普通卧式机床；32 表示工件最大回转直径为 320mm。

3. 确定零件定位基准和装夹方式

确定坯料的轴向定位基准（某一个面）和径向定位基准（一般为轴线）。

装夹方式：选择卡盘装夹、一夹一顶、双顶尖等方式。

4. 确定加工顺序及进给路线

加工顺序按从粗到精，从近到远（从右到左）的原则确定，确定外圆、螺纹的粗精加工顺序。

5. 选择刀具

一般使用的刀具种类有：外圆车刀、螺纹车刀、切断车刀、中心钻、钻头、内圆车刀、内槽刀、内螺纹刀等。

常用刀具材料有高速钢和硬质合金两种。

6. 选择切削用量

（1）切削用量三要素

表示切削运动的主运动和进给运动的参数称为切削用量。它直接影响刀具切削加工的生产效率、零件尺寸精度、表面粗糙度以及刀具耐用度等。切削速度、进给量和背吃刀量称为切削用量的三要素。

① 切削速度 v_c　切削刃上选定点相对于工件主运动的瞬时速度称为切削速度。单位是 m/min。当主运动是旋转运动时，切削速度的计算公式为：

$$v_c = \pi dn/1000$$

式中　d——主切削刃上选定点所对应的工件或刀具的直径，mm；

　　　n——主轴转速，r/min。

切削速度一般根据刀具材料、切削用量及表面粗糙度等因素综合考虑选取。选择切削用量时，一般先选择切削速度，然后计算出主轴转速 n。

② 进给速度 F

每转进给速度 F：轴旋转一圈，刀具在进给方向上的位移量，单位为 mm/r。

每分钟进给速度 F：每分钟刀具在进给方向上的位移量，单位为 mm/min。

两种进给速度可先选其中一种，它们之间可用以下式子换算：

每分钟进给速度＝每转进给速度×主轴转速

③ 背吃刀量 a_p　待加工表面与已加工表面之间的垂直距离称为背吃刀量，也叫切削深度，单位为 mm，用 a_p 表示。

（2）使用硬质合金刀具加工 45 钢材料的切削用量参考值

选择切削用量时，必须综合考虑工件和刀具材料的性能、加工性质、机床刚性、刀具几何角度等因素。切削用量一般采用查阅相关金属切削加工手册来选取，对于一些常用的工件材料可以使用经验法来确定。

使用硬质合金刀具车削加工 45 钢工件，是生产加工中最为广泛的一种车削加工。工程技术人员经过多年的实践经验积累，总结出在中小功率车床上用硬质合金车刀车削加工 45

钢时，切削用量参考数值如下。

1）加工外圆及端面时的切削用量

① 背吃刀量 a_p 推荐值

粗加工	1～5mm
半精加工	0.5～2mm
精加工	0.1～0.5mm

② 进给量 F 推荐值

粗加工	0.3～1mm/r
半精加工	0.2～0.7mm/r
精加工	0.1～0.4mm/r

机床、刀具、工件的刚性好时，背吃刀量和进给量取大值，反之取小值。

③ 加工余量推荐值　半精加工余量取 0.5～1mm，精加工余量取 0.1～0.5mm。

④ 切削速度 v_c 推荐值　80～170m/min。

粗车时取小值，精车时取大值，半精车时取中等值。

2）切槽、切断的切削用量

切槽、切断的切削速度推荐值为 $v_c = 100～140$m/min，进给速度推荐值为 0.1～0.5mm/r，工件、刀具刚性好，取大值。

3）螺纹加工时的主轴转速

由于受到数控系统响应速度等因素的影响，车削螺纹的主轴转速不能过高，因此在普通数控车床加工螺纹时，主轴转速一般取 200～800r/min，大螺距取小值，小螺距取大值，在性能较好的数控车床车削螺纹时，转速可选 1000r/min 以上。

三、编制工序卡、工艺卡和刀具卡

1. 工序和工步

一个（或一组）工人在一个工作地点用一台设备对一个（或同时对几个）工件所连续完成的那一部分工艺过程，称为工序。工序是工艺过程的基本单元，划分工序的主要依据是零件加工过程中工作地点（设备）是否变动，以及该工序的工艺过程是否连续。

工步是工序的组成单位，在被加工的表面、切削刀具和切削用量（指切削速度、背吃刀量和进给量）均保持不变的情况下所连续完成的那部分工序内容，称为工步。一道工序可以包括几个工步，也可以只包括一个工步。划分工步的依据是加工表面和工具是否变化。

2. 数控加工工序卡

数控加工工序卡与普通加工工序卡相似，也记录加工工艺内容，所不同的是数控加工工序卡的工序简图中应注明编程原点与对刀点，要有编程说明及切削参数的选择等，它是操作人员进行数控加工的主要指导性工艺资料。工序卡应按已确定的工步顺序填写，见表 2-1。

如果工序加工内容比较简单，可采用表 2-2 的数控加工工艺卡片的形式。

表 2-1　数控加工工序卡片

单位	数控加工工序卡片	产品名称或代号		零件名称	零件图号
		车间		使用设备	
	（工序简图）				
		工艺序号		程序编号	
		夹具名称		夹具编号	

续表

工步号	工步作业内容	加工面	刀具号	刀补量	主轴转速	进给速度	切削深度	备注
编制		审核		批准		年 月 日	共 页	第 页

表 2-2　数控加工工艺卡片

单位名称		产品名称或代号		零件名称		零件图号	
工序号	程序编号	夹具编号		使用设备		车间	
工步号	工步内容	刀具号	刀具规格	主轴转速	进给速度	切削速度	备注
编制		审核		批准		年　月　日	共　页	第　页

任务 2　毛坯及工装准备

任务目标

熟练掌握及应用刀具和量具基本知识。

任务要求

选择定位销轴毛坯，刃磨外圆刀、切断刀和螺纹刀，正确安装外圆刀、切断刀和螺纹刀，准备量具。

任务分析

了解常用毛坯特点及选用，了解车刀的组成及车刀角度对切削的影响，分析项目工件使用的材料及毛坯种类，掌握各种刀具和量具的使用。

相关知识

一、选择毛坯、下料

（一）常用的工件毛坯

1. 铸件

铸件用于制造形状较复杂、尺寸较大、塑韧性要求不是很高的工件，铸件的形状一般接近工件的外形，生产成本较低，铸件材料有铸铁与铸钢等。

2．锻件

内部组织分布较合理，强度、塑韧性高，形状一般接近工件的外形，毛坯成本较高，常用于加工余量小、精度要求高和综合性能较高的机械结构件，锻件常用材料有45、40Cr等。

3．型材

常用于车削加工的有圆钢，使用较方便，用于一般轴类零件的制造，加工余量一般取2～5mm（本教材中以尺寸ϕ30圆钢为主）。

（二）下料

采用砂轮切割机或锯床切割ϕ30圆钢，长度按零件尺寸加上车削余量（实际生产中一般使用锻造毛坯）。

二、刀具、量具准备

（一）刀具

1．刀具材料

（1）高速钢

W18Cr4V、W6Mo5Cr4V2、W9Mo3Cr4V为常用的高速钢材料，高速钢刃磨性好，刀刃可磨得很锋利，红硬性可达500～650度，适用于切削量较小的精加工，切削和刃磨过程要使用冷却液。

（2）硬质合金

硬质合金是用高硬度、难熔的金属化合物（WC、TiC、TaC、NbC等）微米数量级的粉末与Co、Mo、Ni等金属黏结剂烧结而成的粉末冶金制品。常用的黏结剂是Co，碳化钛基硬质合金的黏结剂则是Mo、Ni。硬质合金高温碳化物的含量超过高速钢，具有硬度高（大于89HRA）、熔点高、化学稳定性好和热稳定性好等特点，切削效率是高速钢刀具的5～10倍。但硬质合金韧性差、脆性大，承受冲击和振动的能力低。硬质合金现在仍是主要的刀具材料。

常用的硬质合金材料有：

① 钨钴类硬质合金，代号为YG，如YG3、YG6，适用于加工铸铁等脆性材料。

② 钨钛钴类硬质合金，合金代号为YT，如YT5、YT14、YT15等，用于钢的切削。

③ 通用硬质合金。通用硬质合金代号为YW。这种硬质合金是在上述两类硬质合金的基础上，添加某些碳化物使其性能提高。既可用于加工钢料，又可用于加工铸铁和有色金属，被称为通用合金。

（3）涂层刀具

刀具表面涂层技术是一种优质的表面改性技术，它是指在普通高速钢和硬质合金刀片表面，采用化学气相沉积（CVD）或物理气相沉积（PVD）的工艺方法，涂覆一薄层（5～12μm）高硬度难熔金属化合物（TiC、TiN、Al$_2$O$_3$等），使刀片既保持了普通刀片基体的强度和韧性，又使表面有高的硬度和耐磨性、更小的摩擦因数和高的耐热性，较好地解决了材料硬度、强度及韧性的矛盾。

2．常用车削刀具

（1）刀具种类

常用车削刀具如图2-2所示。

93°右偏刀：用于车削外圆、端面和台阶，材料为YT15硬质合金，可选用焊接刀和机夹刀，焊接刀需磨刀，加工质量较好；也可选用专用数控车刀（机夹刀），加工质量好、耐

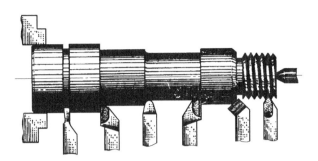

切外槽 车右台阶 车台阶圆角 车左台阶 倒角 车螺纹

图 2-2 常用车削刀具

磨，但价格高。

60°螺纹刀：用于车螺纹，使用高速钢刃磨（也可用机夹硬质合金刀）。

4mm切断刀：用于切断工件，使用高速钢刃磨。

（2）刀具的组成

刀具的组成如图 2-3 所示。

切削部分（刀头）组成如下。

三面：

前面——切屑流经表面；

后面——与加工表面相对的面；

副后面——与已加工表面相对面。

两刃：主切削刃、副切削刃。

一尖：刀尖（两刀刃交点）。

（3）刀具角度及对切削的影响

① 车刀主要角度（图 2-4）

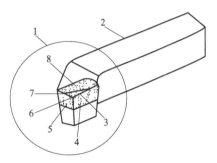

图 2-3 外圆车刀组成示意图

1—刀头；2—刀杆；3—主切削刃；4—后
刀面；5—副后刀面；6—刀尖；
7—副切削刃；8—前刀面

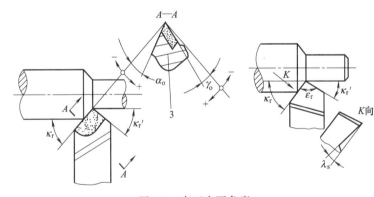

图 2-4 车刀主要角度

前角 γ_o——前面与基面夹角。

后角 α_o——后面与切削平面夹角。

副后角 α_o'——副后面与副切削平面夹角。

主偏角 κ_r——主刀刃与走刀方向夹角。

副偏角 κ_r'——副刀刃与走刀反方向夹角。

刃倾角 λ_s——主刀刃与基面夹角。

② 车刀角度对切削的影响 前角、后角、刃倾角越大，刀越利，但强度越低。主偏角、

副偏角越大，刀越尖，走刀轻快，但会使粗糙度增大。刃倾角为正时（前高后低），切屑流向待加工面；为负时，切屑流向已加工面（易刮花工件）。

（4）刀具的刃磨

1）砂轮选择

磨白钢刀，选白色氧化铝砂轮；磨硬质合金刀，选绿色碳化硅砂轮，粗磨选择较粗颗粒砂轮，精磨选择较细颗粒砂轮。

2）磨刀顺序

① 磨后刀面：磨出主偏角和主后角。

② 磨副后刀面：磨出副偏角和副后角。

③ 磨前刀面：磨出前角和刃倾角。

④ 磨刀尖圆弧：改善强度和散热条件。

3）磨刀注意事项

① 注意安全，不要用力过大，人要站在砂轮侧面。

② 磨刀主要在砂轮圆周面磨，要轴向均匀移动，避免磨出沟槽。

③ 磨高速钢刀时，注意用水冷却，避免过热软化。

④ 磨硬质合金刀具时，不能用水直接冷却刀刃，否则易开裂。

⑤ 磨切断刀时，要保证刀刃处最宽，一般为上大下小，前大后小。

（二）量具

1. 钢直尺

用于测量工件装夹长度和装刀高度。

2. 游标卡尺

用于测量工件直径和长度，测量精度一般为0.02mm。游标卡尺由尺身、游标、锁紧螺钉、固定量爪和活动量爪组成（如图2-5）。

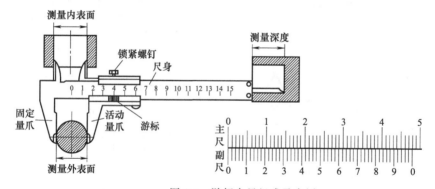

图2-5　游标卡尺组成及应用

游标卡尺读数方法如下：

① 读出游标"0"线左面的尺身整数的毫米数。

② 游标上读出小数毫米，看游标上的刻线和尺身上哪一条线对齐，游标的格数×0.02。

③ 读数＝主尺上整数值＋副尺的格数×0.02。

使用游标卡尺时应注意测量力要适当，过大或过小都会造成测量误差；量爪面用干净棉纱擦净推合后，游标与尺身二者零位应重合，否则读数不准确。

3. 千分卡尺

用于测量工件直径和长度，测量精度较高，外径千分尺的结构如图2-6所示。

外径千分尺是生产中常用的一种精密量具，分度值为0.001mm，其外形和结构如图所

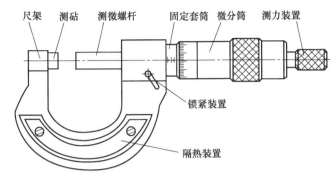

图 2-6　外径千分尺结构

示，由尺架、活动套筒（微分筒）固定套筒、测微螺杆、锁紧装置和测力装置等组成。

读数方法可以分为三个步骤，如图 2-7 所示。

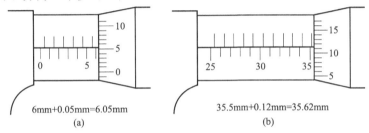

6mm+0.05mm=6.05mm　　　　35.5mm+0.12mm=35.62mm

(a)　　　　　　　　　　(b)

图 2-7　千分卡尺读数举例

① 读出活动套筒（微分筒）边缘在固定套筒上所在位置的毫米数和半毫米数。
② 读出小数部分数值，固定套筒基准线对齐的活动套筒的格数×0.01。
③ 读数＝固定套筒上的毫米数＋活动套筒的格数×0.01。

任务 3　数控车床操作及对刀

任务目标

了解数控车床的结构组成，熟悉数控车床的面板并掌握基本操作方法，了解常用数控车削刀具及安装使用，了解数控车床的对刀原理并能进行对刀。

任务要求

进行数控车床的基本操作，录入给定加工程序并对刀加工图 2-8 工件（工件毛坯为 φ30 圆钢棒料）。

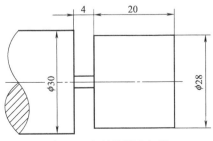

图 2-8　车削外圆和切断

任务分析

本次课为简单工件的数控车削，要求熟悉数控机床，能基本操作及对刀，编辑输入数控程序并加工，加工完成后测量尺寸，要掌握控制精度和表面粗糙度的方法。

相关知识

一、数控车床结构

1. 数控车床功能

数控车床作为当今使用最广泛的数控机床之一，主要用于加工轴类、盘套类等回转体零件，能够通过程序控制自动完成内外圆柱面、锥面、圆弧、螺纹等工序的切削加工，并进行切槽、钻、扩、铰孔等加工。而近年来研制出的数控车削中心和数控车铣中心，使得在一次装夹中可以完成更多的加工工序，提高了加工质量和生产效率，因此特别适宜复杂形状的回转类零件加工，数控车床的外形如图 2-9 所示。

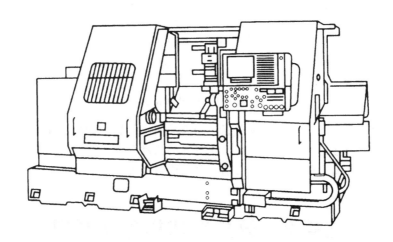

图 2-9　数控车床的外形

2. 数控车床结构组成（图 2-10）

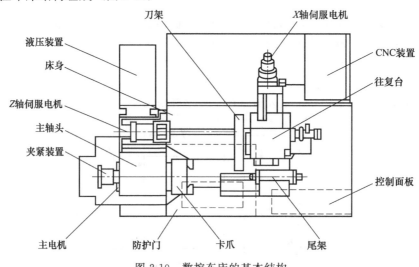

图 2-10　数控车床的基本结构

① 床身　是用 HT300 浇铸而成，用于支承其他组成部分。

② 主轴箱　内置电机及变速机构。

③ 自动刀架　用于安装车刀和自动换刀，刀架只能顺时针转位，若刀架反转可能导致电机堵转，使电机烧毁。

④ 进给系统　用伺服电机通过滚珠丝杠驱动溜板和刀具，实现轴向和径向进给运动。

⑤ 液压、冷却、润滑系统。

⑥ CNC 装置电器控制和 CRT 操作面板。

二、数控机床基本操作

(一) GSK 980TD 面板

操作面板分为以下五个部分（如图 2-11 所示）。

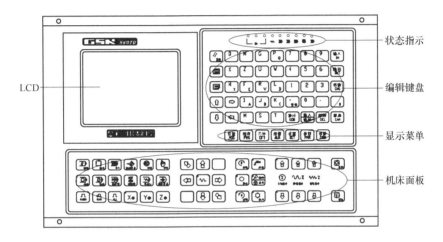

图 2-11　数控车床操作面板图

① LCD　为液晶屏幕显示区域。

② 状态指示　为各种状态的指示灯，显示回零、手动快移及机床自动运行的五种状态。

③ 编辑键盘　类似电脑键盘，由字母键、数字键和符号键组成。

④ 显示菜单　用于显示刀具位置、程序、刀补、报警信息和参数等。

⑤ 机床面板　用于选择机床操作方式和操作按键。

(二) 面板常用按键功能介绍

见表 2-3。

表 2-3　数控车床常用按键及功能

图　标	键　名	图　标	键　名
	编辑方式		空运行
	自动加工方式		返回程序起点
	录入方式		单步/手轮移动量
	机械回零(回参考点)		手摇轴选择

图标	键　名	图标	键　名
	手轮方式		急停开关
	手动方式	 MST	辅助功能
	单程序段	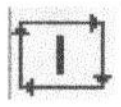	自动运行
	机床锁住	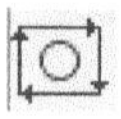	进给保持(暂停)
	主轴正转		手动快速进给
	主轴停止	 位置 POS	显示当前坐标位置
	主轴反转	 程序 PRG	显示程序
	手动换刀	 刀补 OFT	显示刀补
	冷却液开关	 设置 SET	参数显示及设置
	主轴倍率增加,减少		快速进给倍率增加,减少

(三) 对刀及换刀点的确定

刀位点是指刀具的定位基准点。对于立铣刀和丝锥来说,刀位点是刀具轴线与底面的交点,球头铣刀的刀位点一般取为球心,对车刀而言,刀位点就是刀尖,外圆车刀、螺纹车刀只有一个刀尖,切断刀有左、右两个刀尖,一般以右刀尖作为刀位点以方便编程。几种常用刀具的刀位点如图 2-12 所示。

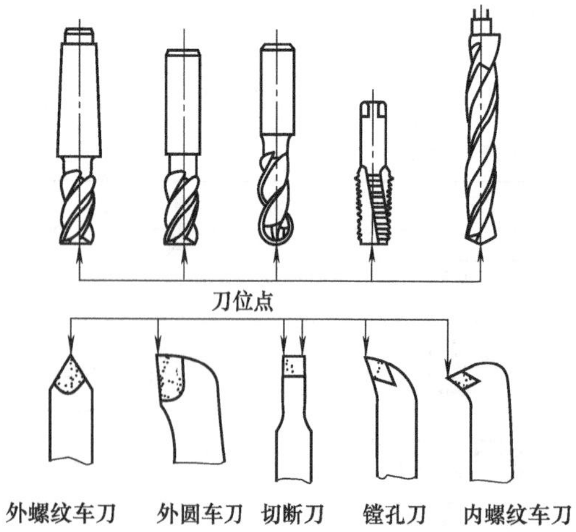

对刀是数控加工中的主要操作,在加工程序执行前,调整每把刀的刀位点,使其尽量重合于某一理想基准点,这一过程称为对刀。

换刀点位置的确定。换刀点是指在编制数控车床多刀加工的加工程序时,相对于机床固定原点而设置的一个自动换刀的位置。

换刀点的位置可设定在程序原点、机床固定原点或浮动原点上,其具体的位置应根据工序内容而定。为了防止换刀时碰撞到被加工零件或夹具、尾座而发生事故,除特殊情况外,其换刀点几乎都设置在被加工零件的外面,并留有一定的安全区。

外螺纹车刀　外圆车刀　切断刀　镗孔刀　内螺纹车刀

图 2-12　常用刀具的刀位点

（四）数控车床基本操作和对刀方法

1. 开机准备

（1）开机

正确的开机顺序为：开机床电源（空气开关）—开机床开关—开面板钥匙。而关机时应按相反顺序。

（2）机械回零

一般数控机床开机要先进行机械回零，如未按规定回零，在对刀操作过程和自动运行时机床会报警，机械零点又称为机床固定原点或机床参考点。机械零点为车床上的固定位置，由机械挡块确定，位置通常设置在 X 轴和 Z 轴的正向最大行程处，机械回零完毕后，即建立了机床坐标系。

机械回零的方法：按机械回零键，分别按 X＋、Z＋手动方向键，机床自动回零，回零完毕，指示灯亮，按位置键，X、Z 的机床坐标值显示为 0。

2. 录入方式旋转主轴

按录入键，选择工作方式，按程序键显示程序，按翻页键直至出现图 2-13 所示界面，键入 M43—按输入—按运行—键入 S500—按输入—键入 M03—按输入—按运行，此时主轴自动旋转，切换到手动方式，按停止使主轴停转。

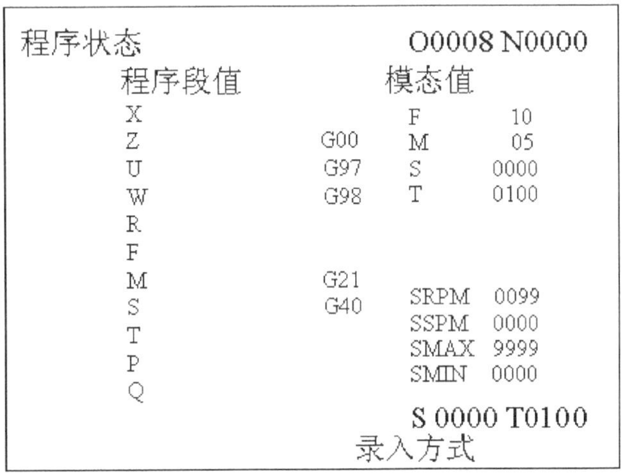

```
程序状态                    O0008 N0000
      程序段值              模态值
      X                     F      10
      Z          G00        M      05
      U          G97        S      0000
      W          G98        T      0100
      R
      F
      M          G21
      S          G40        SRPM   0099
      T                     SSPM   0000
      P                     SMAX   9999
      Q                     SMIN   0000

                          S 0000 T0100
                          录入方式
```

图 2-13　录入界面

3. 安装工件

选择 φ30×60 圆钢，用三爪卡盘装夹，圆钢伸出长度比加工长度多 15～20mm 即可（过短易超程或与卡盘相碰，过长易振动崩刀），夹紧卡盘。

4. 安装车刀

1、2、3 号车刀分别为 93°右偏刀、60°螺纹刀、3mm 切断刀，注意伸出长度、垂直度和高度，车刀刀尖高度用尾座顶尖确定，高度用加减垫片调整。

5. 试切对刀

1 号刀试切对刀：试切端面，按刀补在 01 号刀处按 Z0、按输入，系统自动在 001 和 Z 处自动生成刀具 Z 偏值（如图 2-14 中－116.424），试切外圆，量直径，输入 X＋直径值、按输入，系统在 001 和 X 处自动生成刀具 Z 偏值（如图中－90.720）。然后分别对 2 号刀对刀和 3 号刀进行试切对刀。

注意：端面不能重复试切，对 2、3 号刀时只需对齐端面，靠近时移刀用手轮最小挡 0.001 挡。

```
刀具偏置                    O0008 N0000
  序号      X          Z          R        T
 _000    0.000      0.000      0.000      0
  001   -90.720   -116.424     0.000      0
  002    0.000      0.000      0.000      0
  003    0.000      0.000      0.000      0
  004    0.000      0.000      0.000      0
  005    0.000      0.000      0.000      0
  006    0.000      0.000      0.000      0
  007    0.000      0.000      0.000      0
相对坐标
   U     0.000            W   0.000
序号 000                        S 0000 T0100
              录入方式
```

```
程序内容     行2     列1    O0001 N0000
O0001；（O0001）
；
%




                                S 0000 T0100
              编辑方式
```

图 2-14　刀补界面　　　　　　　　图 2-15　程序编辑界面

6. 编辑程序

按编辑—程序—输入 O×××（×××为程序号，从 0～9）—按 EOB 键，即可进入编辑界面（图 2-15），可编辑、修改程序。

7. 调用程序自动加工

（1）调用当前程序加工

操作方式选至编辑，处于编辑状态的程序称为当前程序，光标所在位置即为开始运行位置，一般要从头开始加工，按复位键使光标回到程序头，按自动加工键进入自动加工方式，按运行键则程序自动运行加工。

（2）调用已有程序自动加工

按编辑键及程序键使机床操作方式处于编辑状态并处于程序显示界面，输入需调用程序号 O××××，按 EOB 换行键，则所调用程序变为当前程序并显示，如系统内无此程序，则系统会按程序号生成新程序。

（3）查看系统内所有程序

操作方式设在非编辑状态（如可在自动、录入等方式），按翻页键直至显示程序目录列表，如图 2-16 所示。每页最多显示 36 个程序，超过时可翻页查看。

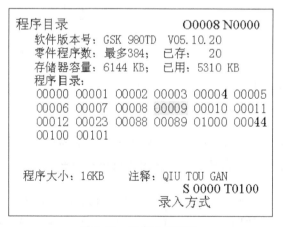

```
程序目录                        O0008 N0000
  软件版本号：GSK 980TD  V05.10.20
  零件程序数：最多384；  已存：    20
  存储器容量：6144 KB；  已用：5310 KB
  程序目录：
  O0000 O0001 O0002 O0003 O0004 O0005
  O0006 O0007 O0008 O0009 O0010 O0011
  O0012 O0023 O0088 O0089 O1000 O0044
  O0100 O0101


  程序大小：16KB   注释：QIU TOU GAN
                                S 0000 T0100
              录入方式
```

图 2-16　程序目录列表

数控车床操作思考题：

1. 如何开机和进行机械回零（回参考点）？

2. 怎样显示工件坐标和机床坐标，回零结束时，机床坐标值是多少？

3. 如何建立一个程序号为 O8001 的新程序和输入程序，又如何把程序删除？

4. 1 号试切对刀完毕后，如何测量和输入刀偏值？

5. 如何查看系统内部存有哪些加工程序？

6. 如何调用其中的一个程序进行加工？

7. 如何测量加工工件的直径和长度？

8. 直径偏大或长度偏长时，如何调整刀补和切削？

9. 安装毛坯和 1、2、3 号刀并对刀。

10. 如何调节主轴转速、切削进给速度和快速进给速度？

11. 如何使用录入方式使主轴以 800r/min 的速度正转？

12. 急停键有何作用，怎样急停和解除？

13. 分别用手动和手轮方式将刀架向右和向前移动。

任务 4　圆柱工件编程车削加工

任务目标

　　了解数控车床坐标系和坐标值确定，掌握数控车削加工的基本指令和简单工件的编程和加工方法。

任务要求

选择刀具并编程精加工图 2-17 工件（已粗加工完毕，编写外圆精加工程序）：

① 列出下图各点的坐标；

② 选定起刀点位置并画出加工路线；

③ 编制数控车削程序。

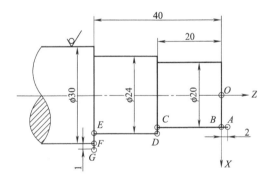

图 2-17　外圆编程车削

任务分析

工件为简单形状工件，已粗加工完毕，车削只需将精加工余量切去；通过实例学习数控编程基础、简单编程指令和车削程序结构，然后编制加工程序。

相关知识

一、数控车床编程基础

（一）程序编制的内容

数控机床加工工件是根据事先编写好的加工程序自动加工完成的。程序编制的过程就是把工件加工所需的数据和信息，如工件的材料、形状、尺寸、精度、加工路线、切削用量、数值计算数据等按数控系统规定的格式和代码，编写成加工程序；然后输入数控装置，由数控装置控制数控机床进行加工。

（二）程序编制的方法

1. 手工编程

手工编程是指在编程的过程中，全部或主要由人工编写零件加工程序。对于加工形状简单、计算量小、程序段不多的零件，采用手工编程较简单、经济，且效率高。但对轮廓形状复杂的零件，特别是空间复杂曲面零件，以及零件轮廓较简单但程序量很大的零件，采用手工编程难度较大，工作量大，容易出错，且很难校对。

实际运用中，数控车床用手工编程较多，而数控铣床基本上都是使用自动编程。

2. 自动编程

自动编程又称为计算机辅助编程（即 CAD/CAM），是大部分或全部编程工作都由编程软件自动完成的一种编程方法。常用的编程软件有 Mastercam、ProE、UG、CAXA、Solidword 等。本书在后面介绍 UG 自动编程加工。

自动编程系统使用数控语言描述切削加工时的刀具和工件的相对运动、轨迹和一些加工工艺过程，程序员只需使用规定的数控语言编一个简短的工件源程序，然后输入计算机，自动编程系统自动完成运动轨迹的计算、加工程序编制，所编程序还可以通过屏幕显示或绘图仪进行模拟加工演示。有错误时可以在屏幕上进行编辑、修改，直到程序正确为止。

自动编程与手工编程相比，编程工作量减轻，编程时间缩短，编程的准确性提高，特别是复杂工件的编程，其技术经济效益尤其显著。

（三）数控机床的坐标系

数控机床标准坐标系是一个右手直角笛卡儿坐标系，如图 2-18 所示。基本坐标轴为 X、Y、Z 直角坐标，大拇指的方向为 X 袖的正方向；食指为 Y 轴的正方向；中指为 Z 轴的正方向，该坐标轴与车床的主导轨平行。

1. 坐标轴和运动方向命名的原则

① 数控车床的坐标运动均是指刀具相对于静止工件的运动。

② 刀具远离工件的运动方向为坐标轴的正方向。

③ 机床主轴旋转运动的正方向是按照右旋螺纹进入工件的方向。

2. 坐标轴的规定

① 规定主轴轴线为 Z 坐标轴。

② 与 X、Y、Z 主要直线运动平行的坐标，可分别将它定为 U、V、W（一般也用于增量坐标）。

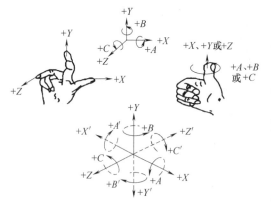

图 2-18　右手笛卡儿坐标系

③ 旋转坐标：旋转坐标 A、B、C 分别为绕 X、Y、Z 坐标轴的旋转坐标。正转方向为按照右旋螺纹旋转的方向。

（四）数控车床坐标系中的各原点

1. 机床原点、参考点、机床坐标系（图 2-19）

机床坐标系是机床上的固有坐标系，机床坐标系的原点即机床原点，它是其他所有坐标系，如工件坐标系以及机床参考点的基准点。其原点位置由机床生产厂家设定，一般取在机床卡盘端面与主轴中心线的交点处。机床坐标系的原点在机床制造出来时就已经确定，不能随意改变。该坐标系用以确定工件、刀具等在机床中的位置。机床坐标系原点又叫机床零点。

机床参考点又称机械零点，通常设置在 X 轴和 Z 轴的正向最大行程处，如图 2-19 所示，该点至机床原点在其进给轴方向上的距离在机床出厂时已准确确定，利用系统所指定自动返回机械零点指令（G28 指令），可以使各轴自动返回机械零点。

数控机床开机后必须先进行机械回零（回参考点），才能进行其他操作，在急停解除和超程解除后，机床必须重新进行机械回零。

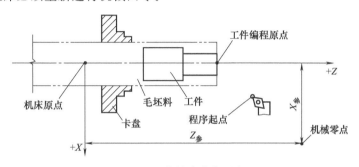

图 2-19　数控车床各原点

2. 工件原点（编程原点）和工件坐标（编程坐标）系

在工件坐标系中，确定工件轮廓坐标值的计算和编程的原点称为工件编程原点。属于一个浮动坐标系，在数控车床上，一般将工件编程原点设在零件的轴心线和零件两边端面的交点上，如图 2-19 所示。

确定工件编程原点的原则如下。

① 工件编程原点的位置在给定的图样上应为已知。

② 在该点建立的坐标系中，各几何要素关系应简洁明了，便于坐标值的确定。

③ 便于程序原点的设定。

（五）编程中的数学处理

1. 数学处理的内容

数学处理包括两个方面：

① 计算出编程时各点的坐标值、圆弧圆心、圆弧端点坐标；

② 不能直接计算出编程时所需要的所有坐标值，也不能直接进行自动编程时，对零件原图形及有关尺寸进行必要的数学处理或改动，才可以进行各点的坐标计算和编程工作。

2. 数值换算

（1）选择原点、换算尺寸

Z 轴为轴心线，原点根据需要选右端面或左端面中心。

（2）标注尺寸换算

当图样上的尺寸基准与编程所需要的尺寸基准不一致，先将图样上的基准尺寸换算为编程坐标系中的尺寸。

① 直接换算 取上下极限尺寸的中间值编程。

② 间接换算 指需要通过平面几何、三角函数等计算方法进行必要解算后，才能得到其编程尺寸的一种方法。

③ 尺寸链解算

3. 基点与节点

① 零件轮廓中各几何要素之间的连接点称为基点。如图 2-20 中工件的基点 A、B、C、D 点。

② 当利用具有直线插补功能的数控机床加工零件的曲线轮廓时，任一几何元素均用直线逼近，即任一轮廓的曲线均用连续的折线来逼近。这时，应根据编程所允许的误差，将曲线分割成若干个直线段，其相邻二直线的交点称为节点（图 2-21）。

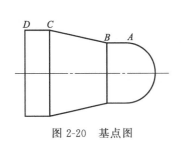

图 2-20 基点图

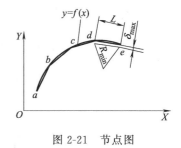

图 2-21 节点图

二、数控车床编程指令

（一）M 指令

M 指令又称辅助功能指令（见表 2-4），其主要作用是控制机床各种辅助动作及开关状态，如主轴的转动与停止、冷却液的开与关等，通常是靠继电器的通断来实现控制过程，用地址字符 M 及两位数字表示的。程序的每一个程序段中 M 代码只能出现一次。

表 2-4 常用辅助功能指令

指令	功能	指令	功能
M00	程序暂停	M05	主轴停止
M01	程序有条件暂停	M07	第一冷却介质开
M02	程序结束	M08	第二冷却介质开
M03	主轴正转	M09	冷却介质关闭
M04	主轴反转	M30	程序结束(复位)并回到程序头

本次课熟悉及应用：M03 主轴正转；M05 主轴停止；M30 程序结束并返回开始。

（二）G 指令

G 指令又称准备功能指令（见表 2-5），是在数控装置插补运算之前预先规定，为插补运算、刀补运算、固定循环等做好准备。G 指令由地址符 G 和其后两位数字组成，如 G00。

表 2-5 GSK 980TD 部分常用准备功能指令

指令	功能	指令	功能
G00	快速定位	G99	每转进给
G01	直线插补	G02	顺时针圆弧插补
G97	恒转速	G03	逆时针圆弧插补

G99——定义为每转进给（也可使用 G98 定义为每分钟进给，开机时为默认状态）。

本次课熟悉及应用：G00 快速定位；G01 直线插补。

（三）F 指令

F 指令也称进给速度功能指令，其作用是指定刀具的进给速度。

如 F0.2　即 0.2mm/r 或 0.2mm/min。

（四）S 指令

S 指令也称主轴转速功能指令，其作用是指定机床主轴的转速。

如 S500　即 500r/min。

（五）T 指令

T 指令为刀具指令，用于指定刀具及刀具补偿。

如 T0101　表示换 01 号刀，调用 01 号刀补。

三、编程举例

例 2-1　编制图 2-22 的数控加工程序：

① 选定起刀点位置并画出加工路线；

② 列出图中各点的坐标；

③ 编制数控车削程序。

解　① 设置如图 2-23 加工路线。起刀点—A—（B 不停留）—C—D—起刀点。

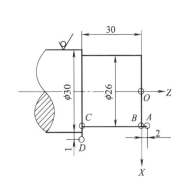

图 2-22　外圆加工编程

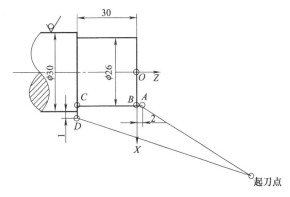

图 2-23　加工路线图

② 列出图中各点的坐标。

起刀点：$X100$ $Z100$

A：$X26$ $Z2$　　B：$X26$ $Z0$

C：$X26$ $Z-30$　　D：$X32$ $Z-30$

说明：工件坐标系建立，以工件右端面中心为工件坐标原点，建立坐标系（往右为 Z 正方向，直径方向往外为 X 正方向，直径的数值即为 X 值）。起刀点位置设在 $X100$ $Z100$（考虑换刀不撞工件，方便测量，空行程不要太多）。

③ 加工程序如下。

程序段号	程　序	程序解释
	O0001	程序号
N10	T0101	换 01 号刀，调用 01 号刀补
N20	G00X100Z100	快速定位到起刀点

续表

程序段号	程 序	程序解释
N30	G97G99	恒转速,每转进给
N40	S600M03	主轴正转,600r/min
N50	G00X26Z2	靠近工件右端面　　　*A* 点
N60	G01Z-30F0.2	切削 $\phi26$　　　*C* 点
N70	X32	退刀离开工件　　　*D* 点
N80	G00X100Z100	快速回起刀点
N90	M05	主轴停
N100	M30	程序结束并返回程序开始
N110	%	结束符

N10、N20……为程序段号,起标记作用,不影响程序运行,在机床数控系统中,程序段号可设置自动生成,不需人工输入。为了使程序简明,也可关闭程序段号自动生成功能,只输入程序即可。

当后段程序中与前段程序的 *X*(或 *Z*)相同时,可省略相同的坐标,只写出变化的坐标。

例 2-2　制定图 2-24 工件走刀路线,列出加工时各基点的坐标,并编制精加工和切断程序。

解　工件加工分为车外圆和切断,将工件原点设在右端面中心。

车外圆加工路线为,起刀点—*A*—*B*—*C*—*D*—*E*—*F*—*G*—起刀点(图 2-25)。

各点坐标如下。

起刀点:*X*100　*Z*100

A:*X*10 *Z*2　*B*:*X*10　*Z*0　*C*:*X*20　*Z*-15　*D*:*X*20　*Z*-25

E:*X*28 *Z*-25　*F*:*X*28　*Z*-45

切断的加工路线为,起刀点—Ⅰ—Ⅱ—Ⅰ—起刀点(图 2-26)。

各点坐标如下。

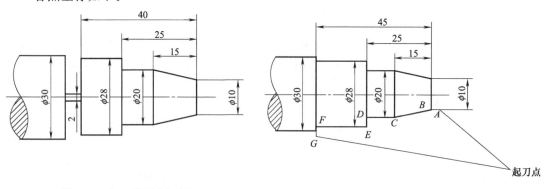

图 2-24　加工外形及切断　　　　　　　图 2-25　车外圆加工路线图

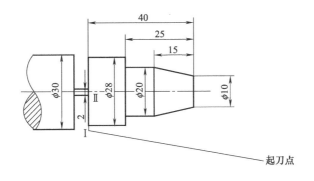

图 2-26 切断加工路线图

起刀点：*X*100 *Z*100

Ⅰ：*X*30　*Z*−40　　　Ⅱ：*X*2　*Z*−40

加工程序如下。

O0090	程序号	
G00X100Z100	快速定位到起刀点	
T0101	换 1 号,调用 1 号刀补	
G00X100Z100	快速定位到起刀点	
G97G99	恒转速,按每转进给	
M03S500	主轴正转,每分钟 500 转	
G00X10Z2	移刀靠近右端面	*A* 点
G01Z0F0.2	以切削速度接触工件	*B* 点
X20Z−15	加工圆锥段	*C* 点
Z−25	加工 φ20 圆柱	*D* 点
X28	加工台阶面	*E* 点
Z−45	加工 φ28 圆柱	*F* 点
X32	离开工件	*G* 点
G00X100Z100	回起刀点	
T0202	换 2 号,调用 2 号刀补	
M03S200	减速正转,每分钟 200 转	
G00X30Z−40	快速定位靠近切断位置	Ⅰ 点
G01X2F0.05	切断	Ⅱ 点
G00X30	快速退刀	Ⅰ 点
G00X100Z100	回起刀点	
M05		
M30		
％		

思考及练习：

1. M03、M05、M30、G97、G99、G01、S500 分别表示什么？

2. 什么是基点,什么是节点？手工编程时写的是基点还是节点坐标？

3. 程序段号如何标记,编程时是否一定要写出段号？

任务5 用简单车削循环粗车和精车工件

任务目标

外圆粗车和精车加工用量的合理选择，锥度计算方法掌握 G90 和 G94 编程指令。

任务要求

用 G94 指令修整端面，用 G90 指令分别编程加工图 2-27（a）、（b）所示工件，分层多次粗车，每刀切深不大于 2mm（直径量），最后精车，精车余量为 0.5mm（直径量）。

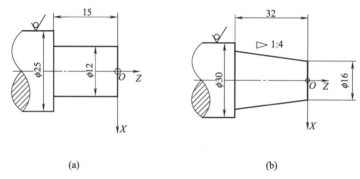

(a)   (b)

图 2-27　简单循环切削

任务分析

两个工件形状分别为圆柱面和圆锥面加工，加工锥面时要先计算大端直径，须按规定切深先进行分层粗加工并留精车余量，最后精车。

相关知识

一、内（外）径切削循环 G90 编程

1. 用 G90 加工圆柱（图 2-28）

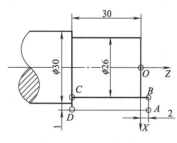

图 2-28　G90 切削循环

如图 2-28 为用 G90 指令精车 $\phi26$ 圆柱面，刀具从 A 点（循环起点）开始，加工轨迹为：A—B—C—D—A。

指令格式：G90 X—Z—F—

从 A 点（X32 Z2）出发，如果用 G01 指令编程，程序为：

G00 X26	A—B
G01Z—30 F0.15	B—C
G01X32	C—D
G00Z2	D—A

可简化为：G90 X26 Z—30 F0.15

（直接编 C 点坐标）

说明：

定位销轴的数控车削加工

如图 2-28 所示，执行该指令刀具刀尖从循环始点（A 点）开始，经 A—B—C—D—A 四段轨迹，其中 AB、DA 段按快速 R 移动；BC、CD 段按指令速度 F 移动。

例 2-3 用内外圆简单车削循环编制图 2-29 工件精加工和粗加工程序。

分两种情况如下。

① 单独精加工程序（余量小，可一刀切完时）：

O0090

T0101

G00X100Z100

G97G99　　　　　恒转速,按每转进给

M03S800　　　　主轴正转,每分钟 800 转

G00X30Z2　　　　移刀靠近右端面

G90X16Z－20F0.2　加工 ϕ16,长度 20 段

G00X30Z－18　　　移刀靠近 ϕ26 右端

G90X26Z－30F0.2　加工 ϕ26 段、至长度 30 处

G00X100Z100

M05

M30

%

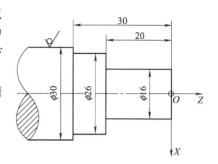

图 2-29　G90 编程切削

② 粗车和精车程序，分层多次切削 [粗车每刀切深不大于 2mm（直径量），精车余量为 0.5mm]：

O0091

T0101

G00X100Z100

G97G99　　　　　恒转速,按每转进给

M03S800

G00X30Z5

G90X28Z－30F0.2　第一刀,车至 X28

X26　　　　　　　第二刀,车至 X26

X24Z－20　　　　第三刀,车至 X24 Z－20

X22　　　　　　　第四刀,车至 X22

X20　　　　　　　第五刀,车至 X20

X18　　　　　　　第六刀,车至 X18

X17.5　　　　　　第七刀,车至 X17.5

M03S1000　　　　提速(精车)

X16　　　　　　　第八刀,精车至 X16

G00X100Z100

M05

M30

%

2. 用 G90 加工圆锥（图 2-30）

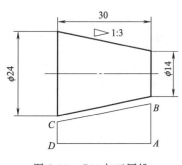

图 2-30　G90 加工圆锥

指令格式：G90X—Z—R—F—

说明：X、Z 为圆锥终点坐标（C 点坐标），R 为圆锥起点、圆锥终点的半径差，起点半径小于终点时为负值，反之为正值。

先计算小端直径：

锥度＝（大端直径－小端直径）/长度＝1/3

小端直径＝大端直径－（1/3×长度）＝24－（1/3×30）＝14

计算 R 值：R＝（小端直径－大端直径）/2

＝（14－24）/2＝－5

从 A 点出发，用 G01 指令加工 BC，程序为：

G00X14	A—B
G01X24Z—30 F0.3	B—C
G01X26	C—D
G00Z0	D—A

以上四段程序可简化为：G90X24Z—30R—5F0.3（直接编 C 点坐标）

二、用端面车削循环指令 G94 编程车端面和台阶

指令格式：G94X—Z—F—

G94 车削端面。

从 A 点出发，用 G01 指令加工 BC，程序为：

G00Z—9	A—B
G01X50 F0.1	B—C
G01Z0	C—D
G00X64	D—A

可用 G94 指令简化为：G94X50Z—9 F0.1（直接编 C 点坐标）

说明：① 如图 2-31 所示，执行该命令，刀具刀尖从循环始点（A 点）开始，经 A—B—C—D—A 四段轨迹，AB、DA 段走 G00，BC、CD 段走 G01。

② X、Z 为切削终点 C 的坐标值。

③ F 为进给速度。

注意区别 G90 的走刀为逆时针，G94 的走刀为顺时针。

工件特点：径向加工余量大（最大处达 20mm），而轴向加工长度较小。

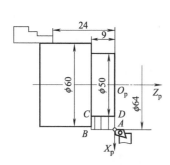

图 2-31　G94 编程切削

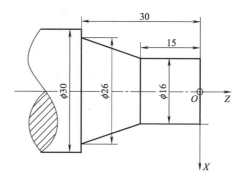

图 2-32　G90 及 G94 编程

加工特点：使用复合循环指令，可使程序简化。

例 2-4 用端面车削循环指令 G94 编制图 2-32 工件端面修整和用 G90 编制圆柱、圆锥的加工程序。粗车每刀切深不大于 2mm（直径量），精车余量为 0.5mm。

加工方法：先用 G94 加工端面，接着用 G90 加工圆柱，最后用 G90 加工圆锥，加工圆柱和圆锥时要分层进行粗、精加工。

加工程序：

O0092	
T0101	
G00X100Z100	
G97G99	
M03S800	
G00X32Z2	靠近工件
G94X0Z0F0.1	车端面
G90X28Z−15F0.2	第一刀，车至 $\phi28$
X26	第二刀，车至 $\phi26$
X24	第三刀，车至 $\phi24$
X22	第四刀，车至 $\phi22$
X20	第五刀，车至 $\phi20$
X18	第六刀，车至 $\phi18$
X17.5	第七刀，车至 $\phi17.5$
M03S1000	提速（精车）
X16F0.1	第八刀，精车至 $\phi16$
G00X32Z−13	靠近圆锥处
G90X38Z−30R−5F0.2	车圆锥第一刀，车至大端 $\phi38$（小端 $\phi28$）
X36	第二刀，车至大端 $\phi36$（小端 $\phi26$）
X34	第三刀，车至大端 $\phi34$（小端 $\phi24$）
X32	第四刀，车至大端 $\phi32$（小端 $\phi22$）
X30	第五刀，车至大端 $\phi30$（小端 $\phi20$）
X29.5	第六刀，车至大端 $\phi29.5$（小端 $\phi19.5$）
M03S1000	提速（精车）
X26F0.1	第七刀，精车至大端 $\phi26$（小端 $\phi16$）
G00X100Z100	
M05	
M30	
%	

任务 6　用复合循环粗车和精车圆柱、圆锥工件

任务目标

了解内外圆复合粗车循环指令 G71、端面粗车循环指令 G72、精车循环指令 G70 编程，了解粗精车削时精度的控制方法。

任务要求

用 G71、G70 指令编制图 2-33 工件加工程序，毛坯为 $\phi30$ 圆钢。

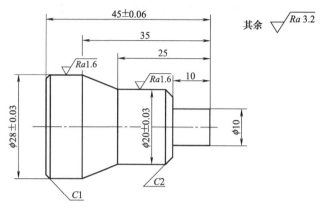

图 2-33　复合循环车削工件图

任务分析

工件使用圆钢毛坯，加工余量较大，工件表面尺寸变化较大，须分层粗车和精车加工，难点在程序循环区间的确定和车削参数的了解。

相关知识

一、内径/外径粗车及精车复合循环

见图 2-34。

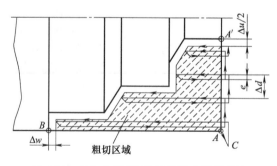

图 2-34　G71 内径/外径粗车复合循环轨迹

指令格式：G71 U(Δd)R(e)

　　　　　　G71 P(ns)Q(nf)U(Δu)W(Δw)F(Δf)

第一行：Δd 为每一刀切深（半径量）；e 为退刀量。

第二行：ns 为循环开始程序段；nf 为循环终了程序段；Δu 为直径精加工余量；Δw 为长度精加工余量；Δf 为粗车进给量。

例如以下程序：　　G71 U2R1

　　　　　　　　　G71 P100Q200U0.5W0.1F0.3

表示粗车每层切深 2mm，退刀量为 1mm，调用 N100～N200 程序段进行循环粗车，直径精车余量为 0.5mm（直径量），长度精加工余量为 0.1mm，粗车进给量为 0.3mm/r。

粗车完成后,用精车循环去掉余量。精车循环指令格式为:G70P(ns)Q(nf)。

例如 G70 P100Q200 表示调用 N100～N200 程序段进行精车循环。循环精车轨迹为逆时针方向。

例 2-5 用 G71 和 G70 指令编写图 2-35 加工程序,毛坯为 ϕ30 圆钢。

设 A(X31 Z2)为循环起点,单边切深 2mm,直径精车余量为 1mm,长度方向为 0.5mm。

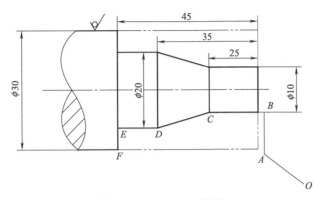

图 2-35 G71、G70 编程

程序段号	程序	程序解释
	O7101	程序号
N10	T0101	换 01 号刀,调用 01 号刀补
N20	G00X100Z100	快速定位到起刀点　　　 O 点
N30	G97G99	恒转速,每转进给
N40	S600M03	主轴正转,600r/min
N50	G00X31Z2	到循环起点　　　 A 点
N60	G71U2R0.5	指定切深和退刀量
N70	G71P80Q120U1W0.5F0.3	指定循环程序区间,加工余量
N80	G00X10	循环开始段　　　 B 点
N90	G01Z－25F0.1	指定精车进给量　　　 C 点
N100	X20Z－35	D 点
N110	Z－45	E 点
N120	X30	循环结束段　　　 F 点
N130	G00X100Z100	回起刀点　　　 O 点
N140	M05	主轴停
N150	M00	暂停进给(测量尺寸)
N160	T0101	调用调整后刀补
N170	M03S1000	主轴正转,1000r/min
N180	G00X31Z2	到循环起点　　　 A 点
N190	G70P80Q120	精车
N200	G00X100Z100	回起刀点
N210	M05	主轴停
N220	M30	程序结束,返回开始
N230	%	

使用 G71 指令的注意事项：

① 循环程序段必须紧跟 G71 后编写；

② 粗车循环过程中 F、S、T 指令更改无效；

③ 循环开始段不能有 Z 方向位移（要直进）；

④ 精车轨迹尺寸必须是单调递增或单调递减，不能有凹凸。

例 2-6 用 G71、G70 指令编制图 2-36 工件加工程序，毛坯为 φ30 圆钢。

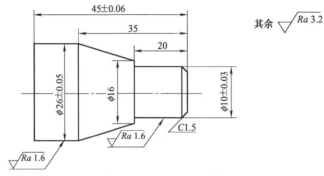

图 2-36　G71、G70 编程

加工及编程方法说明：先用外圆刀车端面，然后倒角和粗、精车外圆，再换切断刀切断工件。以下编程只保留必要的两个程序段号（N100 和 N200），其余段号省去。

O7102	
T0101	
G00X100Z100	
G97G99	主轴恒转速,每转进给
M03S600	主轴正转,600r/min
G00X31Z2	到循环起点
G71U2R0.5	粗车循环
G71P100Q200U1W0F0.3	
N100G00X11	循环开始段
G01X0F0.1	
X7	到倒角起点
X10Z−1.5	倒角
Z−20	
X16	
X26Z−35	
Z−50	
N200X30	循环终了段
G00X100Z100	回起刀点
M05	主轴停
M00	暂停进给,测量工件
T0101	调用调整后刀补
M03S1000	主轴正转,1000r/min
G00X31Z2	到循环起点
G70P100Q200	精车循环
G00X100Z100	起刀点

T0303	换切断刀并调用刀补
M03S200	
G00X30Z－45	靠近切断位置
G01X2F0.1	切断
G00X100	X 回起刀位置
Z100	Z 回起刀点
M05	
M30	
％	

二、端面粗车复合循环

指令格式：G72 W(Δd) R(e)

　　　　　　G72 P(ns) Q(nf) U(Δu) W(Δw) F(Δf)

第一行：Δd 为每一刀切深；e 为退刀量。

第二行：ns 为循环开始程序段；nf 为循环终了程序段；Δu 为直径精加工余量；Δw 为长度精加工余量；Δf 为粗车进给量。

切削轨迹见图 2-37。

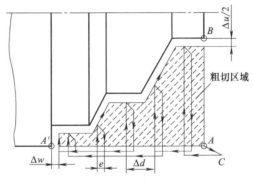

图 2-37　G72 车削轨迹

使用 G72 指令的注意事项：

① 循环程序段必须紧跟 G72 后编写；

② 粗车循环过程中 F、S、T 指令更改无效；

③ 循环开始段不能有 X 方向位移；

④ 循环轨迹中，X、Z 必须是单调递增或单调递减。

端面粗车完成后，用精车循环去掉余量。

精车循环 G70 P(ns) Q(nf) 表示调用 N(ns)～N(nf) 程序段进行精车循环。循环精车轨迹为顺时针方向，与内径/内径精车复合循环方向相反。

任务 7　切断及切槽

任务目标

了解切槽和切断刀具，掌握 G75 指令编程。

任务要求

用 G75 指令编程加工图 2-38 槽及切断工件。

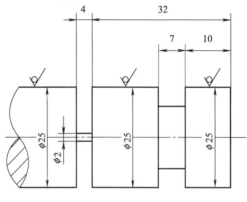

图 2-38　切槽及切断

任务分析

本次任务加工件切槽时因槽较宽，不能一次车够宽度，要进行加宽，切断时因刀较薄，需使用 G75 编程，不断退刀排屑。

相关知识

一、切断工件的方法

1. 切断刀具

车床上使用的切断刀具有高速钢刀具、焊接硬质合金刀具、机夹硬质合金刀具。

2. 切断和切槽方法

如果工件直径不大，刀具材料又较好，切槽或切断时可直接用 G01 指令，但径向进给速度要比较小，一般为 0.05～0.1mm/r（20～40mm/min），如果工件直径较大，使用普通车刀切槽或切断，可使用 G75 指令。

3. 切断加工特点及注意事项

切断加工时径向切削力较大，易产生振动和崩刀，因此主轴转速和进给都要取较小值，装夹毛坯和切断刀的伸出长度尽可能短。

二、用 G75 指令切断工件

G75R(e)

G75X(U) P(Δi) F(f)

e——切断时每次退刀量（一般取 0.5，单位为 mm）；

X——切断时的 X 坐标位置（一般为 1 或 2，如切到 0，车刀易损坏）；

U——切削起点到终点的 X 增量；

Δi——每一次进给的深度（一般取 500～1000，单位为 μm）；

f——切削速度（一般为 0.05～0.1mm/r）。

例 2-7 如图 2-39，从 *A* 处进刀，用 G75 指令切断工件，切断刀厚度为 4mm。

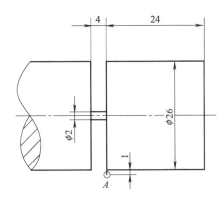

图 2-39 工件切断

切断程序为：

O0175	
T0303	换 3 号刀，调用 3 号刀补
G00X100Z100	到起刀点
G97G99	
M03S200	主轴正转，200r/min
G00X28Z−24	快速定位到 *A* 点
G75R0.5	切断复合循环
G75X1P1000F0.05	
G00X100Z100	回起刀点
M05	主轴停
M30	程序结束。返回程序开始
%	

切断完成后，车刀自动回到起刀点 *A*。

三、用 G75 指令切槽（槽宽大于刀宽时）

G75R(e)

G75X(U) Z(W) P(Δi) Q(Δk) R(Δd) F(f)

R——切槽时每次退刀量（一般取 0.5，单位为 mm）；

X(U)——槽底时的 *X* 坐标位置，U 为增量坐标；

Z(W)——切槽终点的 *Z* 坐标位置，W 为增量坐标；

Δi——每一次进给的深度（一般取 500～1000，单位为 μm）；

Δk——每次加宽的宽度（一般取 500～1000，单位为 μm）；

Δd——加宽槽时，每层切削至径向切削终点时，*Z* 方向的退刀量，通常不指定；

f——切削速度（一般为 0.05～0.1mm/r）。

例 2-8 如图 2-40 所示，从 *A* 处进刀（右刀尖对齐 *A* 点），用 G75 指令切断工件，切断刀厚度为 4mm。

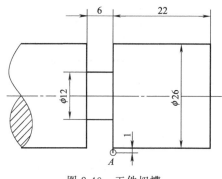

图 2-40　工件切槽

切削程序为：

O0275	
T0303	换 3 号刀，调用 3 号刀补
G00X100Z100	到起刀点
G97G99	
M03S200	主轴正转，200r/min
G00 X28Z－22	快速定位到 A 点
G75R0.5	切槽复合循环
G75X12Z－24P1000Q500F0.05	
G00X100Z100	回起刀点
M05	主轴停
M30	程序结束。返回程序开始
％	

任务8　定位销轴加工及检验

任务目标

正确制定轴类零件的编程加工工艺和编制数控加工程序，正确使用量具，学会车削加工工件的精度检验和加工质量分析。

任务要求

制定定位销轴的工艺路线，填写数控加工刀具卡、工序卡，编制加工程序单，并选择毛坯和工夹具，进行切削加工。对定位销轴加工，分析检验加工质量并填写检验表，修改完善加工工艺和程序。

任务分析

本次任务是完成项目工件（图 2-1）加工，工艺过程的安排，精度的控制，各个检验项目及标准，产品质量分析。

有关表格见表 2-6、表 2-7、表 2-8。

表 2-6　定位销轴数控加工刀具卡

刀具号	刀具规格名称	加工内容	主轴转速	进给速度

表 2-7　定位销轴数控加工工序卡片

单位	数控加工工序卡片	产品名称或代号		零件名称	零件图号
（工序简图）		车间		使用设备	
		工艺序号		程序编号	
		夹具名称		夹具编号	

工步号	工步作业内容	加工面	刀具号	刀补量	主轴转速	进给速度	切削深度	备注
编制		审核	批准		年 月 日	共　页	第　页	

表 2-8　定位销轴检验表

班别		姓名		机床号	
鉴定项目及标准		检验结果	是否合格	备注(意见)	
长度	45				
	15				
	15				
	25				
直径	$\phi18_{-0.018}^{0}$				
	$\phi20_{-0.018}^{0}$				
	$\phi28$				
	$\phi15$				
砂轮越程槽	$\phi16\times3$				
	$\phi18\times3$				
$\phi18$ 粗糙度	$Ra1.6$				
$\phi20$ 粗糙度	$Ra1.6$				
其余粗糙度	$Ra12.5$				
同轴度	0.02				
垂直度	0.02				
倒角	$C2$				
加工质量分析					
检验员			年　月　日		

下铰轴的数控车削加工

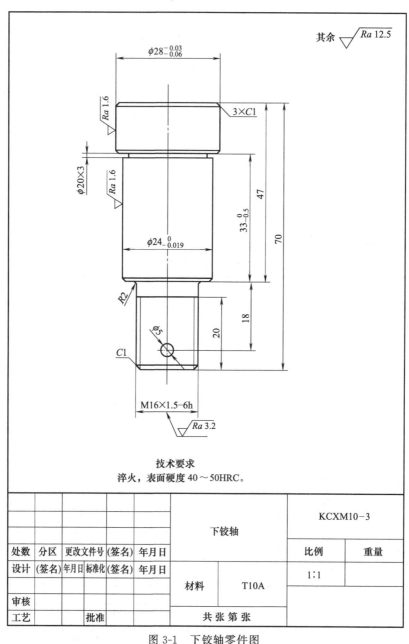

技术要求
淬火，表面硬度 40～50HRC。

					下铰轴		KCXM10-3	
处数	分区	更改文件号	(签名)	年月日			比例	重量
设计	(签名)	年月日	标准化	(签名)	年月日	材料	T10A	1:1
审核								
工艺			批准			共张 第张		

图 3-1 下铰轴零件图

学习目标

1. 知识目标

掌握带螺纹的轴类零件的数控加工工艺制定，掌握普通三角螺纹的车削编程。

2. 技能目标

熟练掌握数控车床加工螺纹的基本操作及对刀，螺纹车削加工中刀具和量具的使用，了解梯形螺纹的加工工艺及编程。

项目实施

本项目以图 3-1 下铰轴为载体，学习普通螺纹加工所需知识和技能，下设 3 个任务，任务 1、2 学习螺纹加工知识和技能，以任务 3 完成项目工件下铰轴工艺制定和编程加工。

任务 1　外螺纹的编程车削

任务目标

巩固和掌握螺纹基本知识；学习普通三角螺纹的参数计算，螺纹加工指令 G32、G92、G76；了解螺纹车削的刀具选择、刃磨安装及对刀，螺纹加工质量检测，量具检测方法。

任务要求

计算（或查表）确定图 3-2 螺纹参数，确定加工方案，分别用 G92 和 G76 指令各编一个程序并加工，毛坯为 $\phi25$ 圆钢。

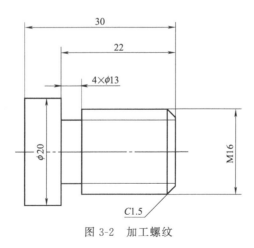

图 3-2　加工螺纹

任务分析

本次任务加工件为普通三角粗牙螺纹，必须了解螺纹代号，计算螺纹加工参数，学习螺纹编程方法，选择螺纹车刀，按计算出的螺纹大径车出工件外形和退刀槽，然后用多刀加工方法车出螺纹，用螺纹规检验螺纹。

相关知识

一、普通螺纹代号及相关尺寸确定

(一) 常用螺纹种类及螺纹代号

1. 常用螺纹的种类及应用

数控加工中常用的螺纹有普通三角螺纹（图 3-3）和梯形螺纹（图 3-4）。普通三角螺纹，分粗牙螺纹和细牙螺纹，常用于机械连接和密封，梯形螺纹用于传动。

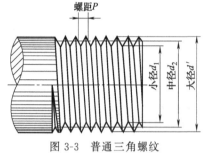

图 3-3　普通三角螺纹

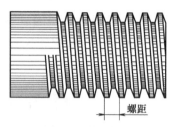

图 3-4　梯形螺纹

2. 普通螺纹代号识别

公制粗牙螺纹和公制细牙螺纹：

M12　公制粗牙螺纹，公称直径为 12mm，螺距和小径可查表得到。

M12×1.5　公制细牙螺纹，公称直径为 12mm，螺距为 1.5，小径可计算得到。

当螺纹精度要求较高时，需标记公差代号，如：

M16-6g　公制粗牙螺纹，公称直径为 16mm，螺距和小径可查表，6g 表示螺纹的精度要求。

(二) 螺纹加工尺寸确定

1. d'——外螺纹大径

$$d' = d - 0.13P$$

式中，d 为公称直径；P 为螺距。

2. h——牙型高度

$$h = 0.65P$$

3. d_1——外螺纹小径

$$d_1 = d - 1.3P$$

4. 车螺纹升速段 δ_1、降速段 δ_2

$$\delta_1 = (1 \sim 3)P, \delta_2 = (0.5 \sim 2)P$$

5. 车螺纹主轴转速的确定

$$n \leqslant (1200/P) - K \quad (\text{r/min})$$

式中，K 为保险系数，一般取 80。

(三) 螺纹车削工艺

1. 升速切入段 δ_1 和降速切出段 δ_2

在数控车床上加工螺纹时沿螺距方向进给速度与主轴转速之间有严格的匹配关系（即主轴旋转一周，刀具移动一个导程），为避免在进给机构加速和减速过程中加工螺纹产生间距误差、保证螺距均匀，加工螺纹时一定要有升速切入段 δ_1 和降速切出段 δ_2（图 3-5）。一般取值为 $\delta_1 = 2 \sim 5$mm，$\delta_2 = 1.5 \sim 3$mm。

2. 螺纹退尾

直径较小的螺纹加工时，为了不削弱强度，不切退刀槽而采用退尾，即螺纹结束处螺牙逐渐变浅过渡，如图 3-6 所示，退尾的长度一般为 1～3 个螺距。

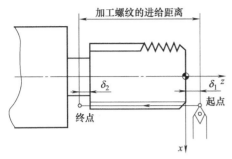

图 3-5　升速段 δ_1 和降速段 δ_2

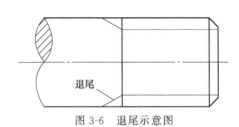

图 3-6　退尾示意图

3. 螺纹切削进刀方式

（1）直进法

采用直进法加工螺纹时，螺纹车刀每次沿垂直于主轴轴心线的方向切入，切入深度由外到里依次减小，如图 3-7（a）所示。

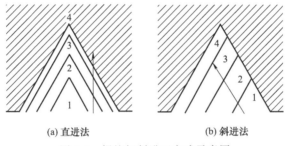

(a) 直进法　　　　　　(b) 斜进法

图 3-7　螺纹切削进刀方式示意图

直进法车螺纹时，螺纹车刀左右两条切削刃均参与切削，接触面积大，刀具容易磨损，螺纹的牙型由刀具来保证，螺纹的表面粗糙度数值较小，一般用于小螺距的连接螺纹加工。数控车削系统中 G32 和 G92 螺纹加工指令均是采用直进法来加工。

（2）斜进法

采用斜进法加工螺纹时，螺纹车刀每次沿垂直于主轴轴心线方向成半个牙型角的方向切入，切入深度由外到里依次减小，如图 3-7（b）所示。

斜进法车螺纹时，螺纹车刀的一条切削刃负责主要的切削任务，刀具与工件的接触面积相对较小，刀具耐用度高，但是螺纹的牙型精度相对低，螺纹的表面粗糙度数值较大，一般用于大螺距的螺纹加工。数控车削系统中的 G76 螺纹车削复合循环指令是采用斜进法来加工的。

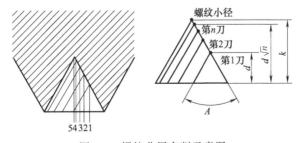

图 3-8　螺纹分层车削示意图

4. 进给次数和背吃刀量确定

螺纹加工一般需要多次走刀，各次的切削深度应按递减规律分配，如图 3-8 所示。

表 3-1 列出螺纹切削次数与背吃刀量参考。

表 3-1　螺纹切削次数与背吃刀量参考　　　　　　　　　　单位：mm

	米制螺纹 $a_p = 0.6495P$						
螺距 P	1.0	1.5	2.0	2.5	3.0	3.5	4.0
背吃刀量 a_p	0.649	0.974	1.299	1.624	1.949	2.273	2.598
进给次数和背吃刀量	1 次　0.7	0.8	0.9	1.0	1.2	1.5	1.5
	2 次　0.4	0.6	0.6	0.7	0.7	0.7	0.8
	3 次　0.2	0.4	0.6	0.6	0.6	0.6	0.6
	4 次	0.16	0.4	0.4	0.4	0.6	0.6
	5 次		0.1	0.4	0.4	0.4	0.4
	6 次			0.15	0.4	0.4	0.4
	7 次				0.2	0.2	0.4
	8 次					0.15	0.3
	9 次						0.2

注：1. 表中背吃刀量为直径值，进给次数和背吃刀量根据切削条件酌情增减。

2. 如螺纹车刀多为普通车刀（非专用数控车刀），进给次数要加倍或更多，而背吃刀量减半或更少。

二、螺纹车削编程

1. G32 指令格式编程

G32 X－Z－K－F

X、Z 为切削终点；K 为退尾量（Z 方向，有退刀槽时不用 K）；F 为螺纹导程，单线螺纹时即为螺距。

由于 G32 指令编程较烦琐，实际编程很少使用。

2. G92 指令格式编程

G92 X－Z－F

G92 为单一固定循环指令；X、Z 为切削终点；F 为螺纹导程，单线螺纹时即为螺距。

加工螺纹轨迹为一矩形，如图 3-9。

当采用退尾方式加工时，指令格式为：

G92 X－Z－K－F

K 为 Z 方向退尾量。

例 3-1　用 G92 指令编制图 3-10 螺纹切削程序。

步骤如下。

（1）选择刀具

选 60°高速钢螺纹车刀。

（2）计算

① 确定主轴转速：$n = 600 \text{r/min}$。

② M12 为公制粗牙螺纹，查表得 $d_1 = 10.106 \text{mm}$，$P = 1.75 \text{mm}$。

$$d' = d - 0.13P = 12 - 0.13 \times 1.75 = 11.77 \text{（mm）}$$

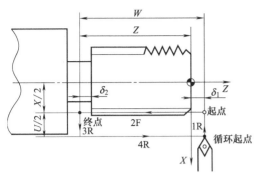

图 3-9 G92 轨迹图

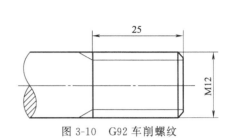

图 3-10 G92 车削螺纹

③ 确定退尾量 $K=(1\sim3)P$，取 K 为 3，升速段为 $\delta_1=(1\sim3)P$，取 δ_1 为 3。车削程序如下。

O0092	程序
T0202	换 2 号刀，调用 2 号刀补
G00X100Z100	到起刀点
M03S600	主轴正转，600r/min
X13Z3	到循环起点
M00	暂停进给，等转速稳定
G92X11Z－25K3F1.75	车第一刀
X10.4	车第二刀
X10.2	车第三刀
X10.106	车第四刀，达到尺寸
X10.106	精修第一刀
X10.106	精修第二刀
G00X100Z100	回起刀点
M05	主轴停
M00	暂停进行测量
M30	程序结束，返回程序开始
%	结束符

如需重切，调整刀补后回到编辑方式，将光标移到哪个位置，就从哪个位置开始自动加工，但需注意，重切时应有换刀指令（T0202）和主轴正转（M035600）指令。

3. G76 指令格式编程

G76 为螺纹切削复合循环指令。

用两段指令，可自动完成多次螺纹车削循环，刀具轨迹如图 3-11，图中 A 为循环起点，第一刀的轨迹为：A—B—C—D—E—A。

指令格式如下。

G76P（m）（r）（a）　　Q（Δdmin）R（d）

G76X（U）Z（W）　　R（i）　　P（k）Q（Δd）F（L）

各符号含义如下。

m——精加工重复次数；

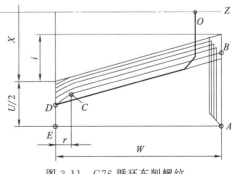

图 3-11 G76 循环车削螺纹

r——退尾量 $0.1×L$；

a——刀尖角；

m、r、a 必须用两位数表示，同时由 P 指定，如 P021060；

Δd_{min}——最小切削深度（μm）；

d——精加工余量（mm）；

i——螺纹锥度，i 为 0 时可省略；

k——螺纹牙高（μm）；

Δd——第一次切削深度（μm），半径值；

L——螺纹导程，单线螺纹时即螺距（mm）。

例 3-2 用 G76 编制图 3-12 螺纹加工程序。

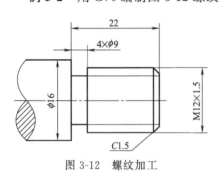

图 3-12 螺纹加工

步骤如下。

（1）选择刀具

选 60°高速钢螺纹车刀。

（2）计算

① 确定主轴转速：$n=600 r/min$

② M12×1.5 为公制细牙螺纹

$P=1.5$

$h=0.65P=0.65×1.5=0.975$

$d'=d-0.13P=12-0.13×1.5=11.81$

$d_1=d-1.3P=10.05$

③ 升速段为 $\delta_1=(1\sim3)P$，取 δ_1 为 3；降速段为 $\delta_2=(0.5\sim2)P$，取 δ_2 为 2（退刀槽中间）。

④ 加工过程为：用外圆刀车螺纹外圆—用切断刀切槽—用螺纹刀车螺纹—检测—调整刀补车螺纹直至合格。

车削程序如下。

O0076	程序
T0101	调用外圆车刀及刀补
G00X100Z100	
G97G99	
M03S600	
G00X15Z2	
G94X0Z0F0.1	车端面
G71U1R0.5	粗车外圆
G71P10Q20U1W0F0.2	
N10G00X8.81	
G01Z0F0.1	
X11.81Z−1.5	
Z−22	
N20X15	
M03S1000	
G70P10Q20	精车外圆
G00X100Z100	
T0303	调用切槽刀及刀补

M03S300	
X16Z-22	
G75R0.5	车退刀槽
G75X9P1000F0.1	
G00X100Z100	
T0202	换 2 号刀，调用 2 号刀补
M03S600	主轴正转，600r/min
X12Z3	到循环起点
M00	进给暂停，等转速稳定
G76P020060Q100R0.2	切削螺纹循环
G76X10.05Z-20P975Q800F1.5	
G00X100Z100	回起刀点
M05	主轴停
M00	进给暂停，测量
	（如尺寸大，可调整刀补重切至合格为止）
M30	程序结束。返回程序开始
%	结束符

任务 2　梯形螺纹的编程车削

任务目标

了解梯形螺纹基本知识，了解梯形螺纹车削的刀具选择、对刀和车削编程方法，螺纹加工质量检测、量具检测方法。

任务要求

制定图 3-13 所示工件加工工艺并编程，毛坯为 ϕ50mm×65mm 的 45 钢。

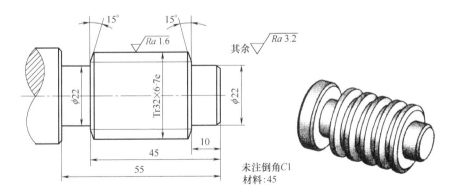

图 3-13　梯形螺纹加工编程

任务分析

加工上述工件时，采用 30°梯形螺纹车刀，注意在编程指令中刀尖角度选择与其一致。

在实际加工中，通过测量和计算，得到 Z 向刀偏量。

相关知识

一、外梯形螺纹的计算及外梯形螺纹车刀的特征

梯形螺纹是应用广泛的传动螺纹，例如车床的长丝杆和中、小滑板的丝杆等是梯形螺纹。梯形螺纹较之三角螺纹，其螺距和牙型都大，而且精度高，牙的两侧面、表面粗糙度值较小，致使梯形螺纹车削时，吃刀深，走刀快，切削余量大，切削抗力大。就导致了梯形螺纹的车削加工难度较大，容易产生"扎刀"现象，甚至造成工件报废。

① 梯形螺纹的尺寸计算和梯形螺纹中径测量计算如下。

梯形螺纹标记

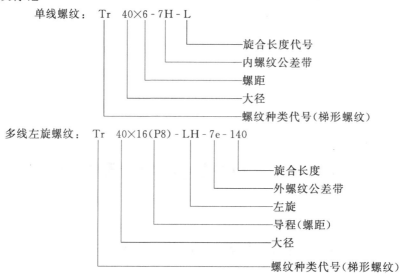

② 梯形螺纹各部分名称、代号及计算公式如下。

名　　称		代　号	计　算　公　式			
牙型角		α	$\alpha=30°$			
螺距		P	P			
牙顶间隙		a_c	P	$1.5\sim5$	$6\sim12$	$14\sim44$
			a_c	0.25	0.5	1
外螺纹	公称直径	d				
	中径	d_2	$d_2=d-0.5P$			
	小径	d_3	$d_3=d-2h_3$			
	牙高	h_3	$h_3=0.5P+a_c$			
内螺纹	大径	D_4	$D_4=d+2a_c$			
	中径	D_2	$D_2=d_2$			
	小径	D_1	$D_1=d-P$			
	牙高	H_2	$H_2=h_3$			
牙顶宽		f、f'	$f=f'=0.366P$			
牙槽底宽		w、w'	$w=w'=0.366P-0.536a_c$			

③ 梯形螺纹公差（可以根据相关表格查找）。

梯形螺纹中径尺寸控制。

三针测量法：是一种比较精密的测量方法，适用于测量梯形螺纹和蜗杆的中径尺寸。测量时，把三根直径相等并在一定尺寸范围内的量针，放在螺纹相对两面的螺纹旋槽中，再用千分尺量出两面量针定点之间的距离 M（见图 3-14），然后根据 M 值换算出螺纹中径的实际尺寸。

千分尺的读数值 M 及量针直径 d_D 的简化公式如下。

30°（梯形螺纹）

$$M = d_2 + 4.864 d_D - 1.866 P$$

钢针直径 d_D

$$d_D = 0.518 P$$

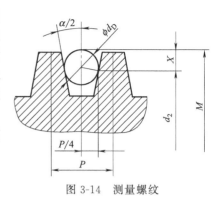

图 3-14　测量螺纹

二、梯形螺纹车刀的特征及刃磨

1. 梯形螺纹车刀

针对数控车床加工梯形螺纹的特点，螺纹车刀应选择硬度比较高、耐冲击、韧性比较好的刀具，本节主要讲述两种材料车刀，即瑞典超硬白钢刀 ASSA17（规格 14×14×200）和普通 YG 类硬质合金梯形螺纹车刀。

瑞典超硬白钢梯形螺纹车刀，刀具参数如图 3-15 所示。为了留精车余量，刀尖宽度应小于牙型槽底宽 w，通常刀尖宽度＝w−（0.2～0.25），刀尖角等于牙型角。

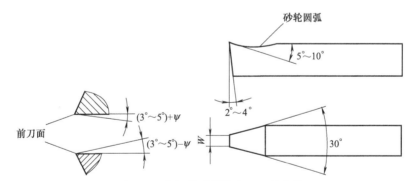

图 3-15　白钢梯形螺纹车刀刀具参数

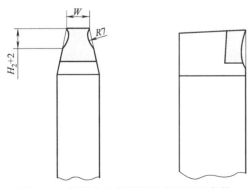

图 3-16　硬质合金梯形螺纹车刀刀具参数

YG 类硬质合金梯形螺纹车刀，可以进行高速车削，高速切削梯形螺纹时，由于 3 个刃同时切削，切削力大，容易引起振动。为了解决上述矛盾，在刀前面上磨出两个圆弧，如图 3-16 所示。

YG 类硬质合金梯形螺纹车刀的主要优点如下。

① 磨两个 $R7mm$ 圆弧，使用径向前角增大，切削轻快，不易产生振动。

② 切屑呈球状排出，保证安全，清除切

屑方便。

2. 刃磨梯形螺纹车刀要求

① 车梯形螺纹时，因受到螺旋线的影响，由于螺纹的螺纹升角 ψ 较大，其影响不可忽略。因此，在磨梯形螺纹车刀时，必须考虑这个影响，图 3-15 中，在刃磨与走刀方向同侧的后角为 $(3°\sim5°)+\psi$，而刃磨与背离走刀方向同侧后侧角为 $(3°\sim5°)-\psi$。

② 刃磨两刃两夹角时，应随时目测和用样板校对。

③ 刃磨刀前角时，应选择砂轮半径较小的来刃磨，同时用特制厚样板进行角度修正。

④ 切削刃要光滑平直、无裂口，两侧切削刃必须对称，刀体不能歪斜。

⑤ 运用油石研磨各个刀刃的毛刺。

3. 梯形螺纹车刀刃磨步骤

① 粗磨刀刃后角（刀尖初步形成）。

② 粗精磨前刀面或径向前角。

③ 精磨刀刃两侧后面时（走刀方向后角应大于背离走刀方向后角），刀尖角用样板修正。

④ 修正刀尖角后，应注意刀尖横刀宽度小于槽底宽度 0.2～0.25mm。

4. 刃磨注意事项

① 刃磨车刀时，不可在砂轮的水平径向用力过大，刃磨刀具时对砂轮水平径向用力过大的话容易使刀具刃磨过烧，使其硬度下降，影响刀具的材质。

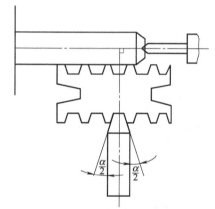

② 刃磨两侧后角时要注意螺纹的左右旋向，并根据螺纹开角的大小，决定两侧后角数值。

③ 刃磨高速钢（超硬）车刀时，应随时放入水中冷却，以防刀具退火。刃磨硬质合金时，刀具发热只能把刀柄放入水中冷却，热硬质合金部分不能沾水，硬质合金在高温后沾水，硬质合金容易产生裂纹，使刀具报废。

5. 梯形螺纹车刀的装夹

① 车刀的安装高度。安装梯形螺纹车刀时，应使刀尖对准工件回转中心。

② 为了保证梯形螺纹车刀两面刃夹角中心线垂直于工件轴线，梯形螺纹车刀在基面的安装，用螺纹样板进行校正对刀（见图 3-17）。

图 3-17 梯形螺纹车刀的对刀

三、梯形螺纹零件编程加工

1. 编程加工案例

编制如图 3-18 所示的零件的数控车床加工程序，材料为 45 钢，毛坯为 45mm×120mm。

2. 工艺分析

该零件结构比较简单，需要调头加工。加工时先加工左端，调头后加工右端。左端轮廓可以用 G71 指令编程粗加工，用 G70 指令编程进行精加工，退刀槽和切断用 G75 指令编程加工，梯形螺纹用螺纹切削复合循环 G76 指令编程加工。

3. 梯形螺纹加工工艺制定

所用刀具、工具、量具分别见表 3-2、表 3-3、表 3-4。数控车床加工工艺卡见表 3-5。

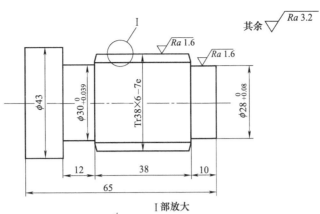

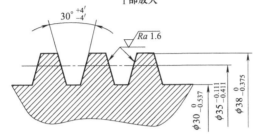

图 3-18　梯形螺纹轴零件图

表 3-2　刀具表

刀　具　号	刀　具　类　型
T01	90°外圆车刀
T02	切断车刀(刀宽 4mm)
T03	梯形外螺纹车刀(刀型角为 30°),刀宽 1.65

表 3-3　工具表

序　号	工　具　类　型	数　量
1	梯形螺纹对刀样板	1
2	0.1mm 厚铜皮	1
3	垫片若干	1
4	$\phi 3.11$ 钻头	3

表 3-4　量具表

序　号	量　具　类　型	数　量
1	游标卡尺(0~150mm)	1
2	外径千分尺(25~50mm)	1
3	公法线千分尺(25~50mm)	1
4	百分表及磁力表座	1
5	钢尺 300mm	1

表 3-5　数控车床加工工艺卡

序号	工 艺 内 容	切 削 用 量	
		主轴转速/(r/min)	进给速度/(mm/r)
1	用三爪卡盘夹持毛坯外圆,伸长 80mm 找正夹紧,车端面 1mm,车外圆为 ϕ42mm×40mm	700	0.2
2	调头装夹 ϕ42mm×40mm,卡爪与轴肩接触		
3	粗车工件左端面(Z 向对刀),留总长加工余量 0.5mm	700	0.2
4	粗车轮廓,留精加工余量 0.5mm	700	0.2
5	精车轮廓达尺寸要求	1200	0.1
6	车 ϕ30mm、宽 12mm 的退刀槽	400	0.1
7	车梯形螺纹达要求	200	6
8	切断工件	400	0.1
9	调头装夹车削,保证总长 65mm	700	0.2

4. 梯形螺纹尺寸计算

大径 $d = 38$mm

中径 $d_2 = d - 0.5P = 38 - 3 = 35$ （mm）

牙高 $h_3 = 0.5P + a_c = 3.5$mm

小径 $d_3 = d - 2h_3 = 31$mm

牙顶宽 $f = 0.366P = 2.196$mm

牙底宽 $w = 0.366P - 0.536a_c = 2.196 - 0.268 = 1.928$ （mm）

测量棒的直径 $d_D = 0.518P \approx 3.10$mm

测量尺寸 $M = d_2 + 4.864d_D - 1.866P = 38.88$mm

根据中径尺寸要求为 $\phi 35^{-0.118}_{-0.483}$

所以计算 M 值：38.42～38.76 之间为合格。

5. 参考程序及说明

加 工 程 序	程 序 说 明
O5051 G21 G40G97G99 T0101 G0X100Z100M3S700 G0X45Z2 M0	
G71U1R1 G71P1Q2U0.5W0F0.2 N1G0X0 G1Z0F0.1 X27 X27.99　Z−0.5 Z−10 X34 X37.82Z−11.75 Z−60 X42 X43W−0.5 Z−70 N2X44 G0X100　Z100	粗车外形

续表

加 工 程 序	程 序 说 明
M5 M0	暂停测量工件尺寸
T0101M3S1200 G0X45Z2 M0	等待车床转速达到要求再加工
G70P1Q2 G0X100Z100 M5 M0 T0202M3S400	精车外形 切断刀左刀尖 Z 为 0，刀宽 4mm
G0X40Z－52 M0 G75R0.5 G75X30Z－60P1000Q2000F0.1 Z－50 G1X38F0.2 X34W1.15F0.1 G0X40 X100Z100	倒右侧退刀槽角
M5 M0 T0303M3S200	把主轴挡位调到低扭矩的 M41 或 M42 区位
G0X38Z－6 M0 G76P020230Q80R0.05 G76X31Z－49P3500Q80F6 G0X100Z100 M5 M0	粗车完毕后，测量牙顶宽，再计算双边余量均值，假如：牙顶余量为 0.3mm，则单边进给量为 0.3/2＝0.15mm
T0303M3S200	梯形螺纹转速不变（变了会乱牙）
G0X38Z－6.15	梯形螺纹车刀左刃方向为 $Z－6－0.15＝Z－6.15$

续表

加 工 程 序	程 序 说 明
M0 G76P020230Q80R0.05 G76X31Z－49P3500Q800F6 G0X100Z100 M5 M0 T0303M03S200 G0X38Z－5.9 M0 G76P020230Q80R0.05 G76X31Z－49P3500Q800F6 G0X100Z100 M5 M0 T0303M03S200 G0X38Z－5.863 M0 G76P020230Q80R0.05 G76X31Z－49P3500Q800F6 G0X100Z100 M5 M0 T0202 M3S200 G00X45Z－69 G75R0.5 G75X2P100F0.05 G00X100Z100 M5 M30 ％	①其中 Q800 为能快速进行切削 ②梯形螺纹车刀左刃方向精加工完 ③梯形螺纹车刀右刃方向精加工首先定位为 Z－6＋0.1 位置 ④梯形螺纹两面加工完毕。进行三针测量,要根据 M 值情况来确认精加工时梯形螺纹车刀右刃起始刀位 在梯形螺纹加工中,车刀 Z 方向每增加 0.01mm,那么梯形螺纹的中径就车削 0.13mm,假如,三针测量值比螺纹中径最大极限值大 0.3mm,Z 方向进给量为 0.3×0.01/0.13＝0.023mm,根据上述 $\phi35^{-0.118}_{-0.483}$,梯形螺纹中径值为公差中间值最佳 　　$-0.483-(-0.118)＝-0.365$ 　　　$0.365/2＝0.1825$ $0.1825×0.01/0.13＝0.014$ 　因此右刃精加工进给量为: $0.023＋0.014＝0.037$ 　所以操作者要正确确认梯形螺纹车刀精加工起始刀位,才能加工合格梯形螺纹 切断 (调头加工程序略)

任务3　下铰轴加工及检验

任务目标

　　正确制定带螺纹轴类零件的编程加工工艺和编制数控加工程序,学会量具的正确使用、车削加工工件的精度检验和加工质量分析。

任务要求

编制下铰轴的加工工艺路线、工艺卡、加工程序单，并选择毛坯和工夹具，进行切削加工。对下铰轴首件加工件分析检验加工质量，修改完善加工工艺和程序。

任务分析

本次任务是对图 3-1 工件工艺过程的安排，需编程加工、检验产品质量。

相关内容

外螺纹检测量具——螺纹环规：见图 3-19。

螺纹环规用于测量外螺纹，分通规和止规（图 3-19），通规尺寸稍大，厚度较厚，上有 T 字样，止规尺寸稍小，厚度较薄，上有 Z 字样。用通规检测时能全部旋入螺纹，而用止规检测时能旋入 3 个螺牙时为合格。

刀具卡见表 3-6，下铰轴质量检验表见表 3-7。

图 3-19　螺纹环规（止规与通规）

表 3-6　刀具卡

刀具号	刀具规格名称	加工内容	主轴转速	进给速度

表 3-7　下铰轴质量检验表

班别		姓名		机床号	
鉴定项目及标准		检验结果	是否合格	备注(意见)	
长度	70				
	47				
	18				
	20				
	$33^{0.5}_{0}$				
直径	$\phi 28^{-0.03}_{-0.06}$				
	$\phi 28^{0}_{-0.019}$				
螺纹	M16×1.5-6h				
$\phi 28$ 粗糙度	Ra1.6				
$\phi 24$ 粗糙度	Ra1.6				
螺纹粗糙度	Ra3.2				
其余粗糙度	Ra12.5				
加工质量分析					
检验员			年　月　日		

项目 4

铰柱的数控车削加工

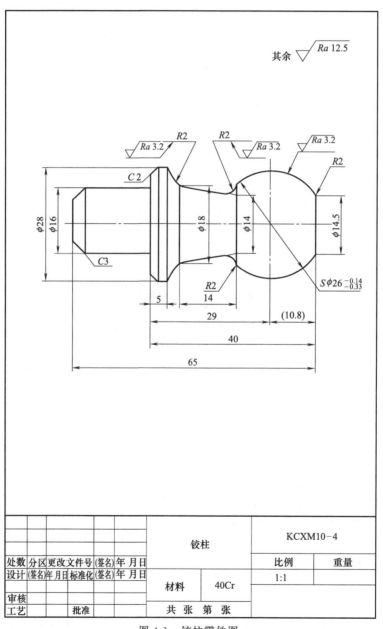

图 4-1　铰柱零件图

学习目标

1. 知识目标

掌握铸、锻件车削工件的编程，掌握圆弧外形和凹凸外形工件的加工工艺及编程。

2. 技能目标

熟练掌握凹槽切削车刀的选用、刀磨，合理选择车削用量和控制加工质量。

项目实施

本项目以图 4-1 铰柱为载体，下设 2 个任务，任务 1 学习圆弧编程指令 G02、G03 和闭环复合成型粗车循环指令 G73 及精加工指令 G70，任务 2 要求制定铰柱的加工工艺和加工编程，检验及分析。

任务 1　带圆弧及凹凸外形工件编程车削

任务目标

学习 G02、G03 和 G73 指令编程。

任务要求

用 G02/G03 和 G73 指令编程粗车和精车图 4-2 所示工件，工件各处的精车余量为 0.5mm（直径量），毛坯为 ϕ30 的 45 圆钢。

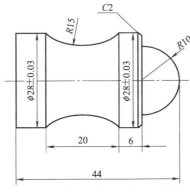

图 4-2　用 G02/G03 和 G73 编程

任务分析

工件外形带圆弧及凹凸结构，选用刀具时应注意副偏角的大小以避免过切，学习 G73 时注意与 G71 比较，找出异同点。

相关知识

一、圆弧插补指令 G02/G03

（一）编程指令

指令：G02（顺时针圆弧插补），G03（逆时针圆弧插补）

格式：G02（G03）X－Z－R　　（或 I－K－）

说明如下。

① X、Z 为圆弧终点坐标。

② I、K 均为圆心相对于圆弧起点的增量坐标。

$I=X_{圆心}-X_{起点}$，$K=Z_{圆心}-Z_{起点}$

③ R 为圆弧半径，不与 I、K 同时用。

＋R 表示圆弧＜180°，－R 表示圆弧＞180°。另外，F 为进给速度，是模态量。

注意：顺、逆圆看图的上半部分，凹圆为 G02，凸圆为 G03。

（二）逆圆和顺圆插补的程序段

圆弧切削的轨迹如图 4-3 所示。

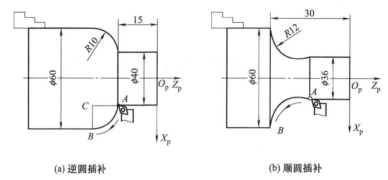

(a) 逆圆插补　　　　　　　(b) 顺圆插补

图 4-3　G02、G03 圆弧切削

（1）用 R（圆弧半径）编程

图 4-3（a）A—B 圆弧插补的程序如下。

绝对值编程　　　G03　X60　Z－25　R10　F0.2

增量值编程　　　G03　U20　W－10　R10　F0.2

U 为圆弧终点对圆弧起点的 X 增量值

W 为圆弧终点对圆弧起点的 Z 增量值

图 4-3（b）A—B 圆弧插补的程序如下。

绝对值编程　　　G02　X60　Z－30　R12　F0.2

增量值编程　　　G02　U24　W－12　R12　F0.2

注意：绝对值编程时 X、Z 值为程序段终点坐标值，而增量编程时 U 为终点 X 坐标相对起点 X 坐标的增量，W 为终点 Z 坐标相对起点 Z 坐标的增量，即：

$U=X_{起点}-X_{终点}$　　　　$W=Z_{起点}-Z_{终点}$

（2）用 I、K 编程

图 4-3（a）A—B 圆弧插补的程序如下。

绝对值编程　　　G03　X60　Z－25　I0　K－10　F0.2

增量值编程　　　G03　U20　W－10　I0　K－10　F0.2

U 为圆弧终点对圆弧起点的 X 增量值

W 为圆弧终点对圆弧起点的 Z 增量值

图 4-3（b）A—B 圆弧插补的程序如下。

绝对值编程　　　G02　X60　Z－30　I12　K0　F0.2

增量值编程　　　G02　U24　W－12　I12　K0　F0.2

当 I 或 K 为 0 时，可省略。

例 4-1 精车图 4-4 所示的球头手柄，写出刀尖从工件零点 O_p 出发，车削凸、凹球面的程序段。

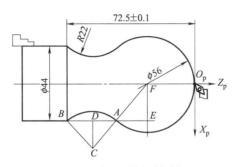

图 4-4　圆弧插补切削手柄

必须先求出 A、B 点（基点）的坐标，可用计算法或 CAD 画图求得。

A：$X=44$，$Z=-45.32$；B：$X=44$，$Z=-72.5$

加工程序为：

O0003	程序号
T0101	换 1 号，调用 1 号刀补
G00X100Z100	快速定位到起刀点
G97G99	主轴恒转速，刀具每转进给
M03S600	主轴正转，600r/min
X0Z3	靠近右端面中心
G01Z0F0.2	进给到右端面中心
G03X44Z-45.32R28	逆圆加工到 A 点
G02Z-72.5R22	顺圆加工到 B 点
G00X100	退刀
Z100	回到起刀点
M05	主轴停
M30	程序结束，返回程序开始
%	程序结束符

二、复合成型粗车循环指令 G73

该指令适用于铸造、锻造等粗加工已初步成型的工件。

G71 适合切削棒料毛坯，如毛坯为铸、锻件，会造成空刀过多，且不能加工带有凹凸形状的工件，用 G73 指令可解决上述问题。

指令格式：G73 U（Δi）W（Δk）R（d）

G73 P（ns）Q（nf）U（Δu）W（Δw）F（Δf）

注意与 G71、G72 指令比较。

说明：

① 该指令切削时，刀具轨迹为一封闭回路，其运动轨迹如图 4-5 所示。

② Δi 为 X 轴上粗加工的总退刀量；Δk 为 Z 轴上粗加工的总退刀量；d 为粗加工重复

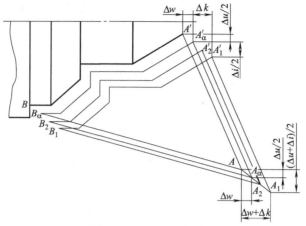

图 4-5　G73 加工示意图

次数；Δu 为 X 方向的精加工余量；Δw 为 Z 方向精加工余量；ns 为精加工路线的第一个程序段的顺序号；nf 为精加工路线的最后一个程序段的顺序号。

总退刀量 U 的计算

$$\Delta i = 加工余量（半径量）-[精加工余量（半径量）+第一刀切削深度]$$

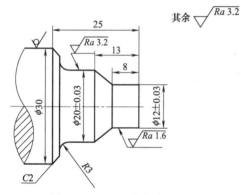

图 4-6　用 G73 指令编程加工

一般可取略小于总切削深度的值。

③ F、S、T 功能在程序中有效，处于 ns 到 nf 之间的 F、S、T 功能无效。G73 指令中按 P 和 Q 指定范围实现循环加工。

例 4-2　加工图 4-6 所示工件，毛坯为 $\phi 30$ 圆钢，精车余量取 1（直径量），第一刀切深取 2，用 G73 指令编写其外径粗车复合循环程序。

确定总退刀量：

$\Delta i = 9-(0.5+2)=6.5$（mm），Δk 取 2mm。

编制加工程序如下。

```
O0173
T0101
G00X100Z100
G97G99                        主轴恒转速,每转进给
M03S600                       主轴正转,600r/min
G00X30Z2                      到循环起点
G73U6.5W2R5                   粗车循环
G73P100Q200U1W0F0.3
N100G00X12                    循环开始段
G01Z-8 F0.1
X20Z-13
Z-20
G02U6W-3R3
N200X30Z-25                   循环终了段
G00X100Z100                   回起刀点
```

M05	主轴停
M00	暂停进给，测量工件
T0101	调用调整后刀补
M03S1000	主轴正转，1000r/min
G00X30Z2	到循环起点
M00	暂停进给，待转速稳定
G70P100Q200	精车循环
G00X100Z100	
M05	
M30	
%	

例 4-3　加工图 4-7 所示工件，毛坯为 ϕ30 圆钢，精车余量取 1（直径量），第一刀切深取 2，用 G73 指令编写其外径粗车复合循环程序。

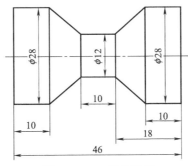

图 4-7　G73 编程练习

确定总退刀量：

U＝9－(0.5＋2)＝6.5，W 取值为 0（注意：凹凸结构不为 0 时会过切）。

编制加工程序如下。

O0173	
T0101	
G00X100Z100	
G97G99	主轴恒转速，每转进给
M03S600	主轴正转，600r/min
G00X30Z2	到循环起点
G73U6.5W0R5	粗车循环
G73P100Q200U1W0F0.3	
N100G00X28	循环开始段
G01Z－10F0.1	
X12Z－18	
W－10	
X28Z－36	
N200Z－51	循环终了段
G00X100Z100	回起刀点
M05	主轴停
M00	暂停进给，测量工件

T0101   调用调整后刀补

M03S1000   主轴正转，1000r/min

G00X30Z2   到循环起点

M00   暂停进给，待转速稳定

G70P100Q200   精车循环

T0303   换切断刀并调用刀补

M03S200

G00X30Z－46   靠近切断位置

G75R0.5   切断循环

G75X2P1000F0.05

G00X100 X 回起刀位置

Z100 Z 回起刀点

M05

M30

%

三、刀尖半径补偿

（一）刀尖半径和假想刀尖的概念

1. 假想刀尖

上述编程例题均是假设车刀有一刀尖，在编写程序时以此假想刀尖点切削工件。在对刀时也是以假想刀尖进行对刀的，但假想刀尖实际上是不存在的，如图4-8所示的 P 点，实际刀具都带有圆弧。

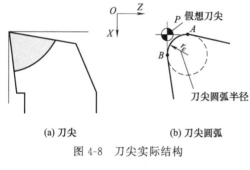

(a) 刀尖   (b) 刀尖圆弧

图4-8 刀尖实际结构

2. 刀尖半径

为了提高刀尖的强度和降低工件表面粗糙度，在实际车削加工中常将车刀的刀尖修磨成半径较小的圆弧，如图4-8所示。刀具在车削外圆柱面时用 A 点切削，车削端面时用 B 点切削，此时刀尖圆弧并不影响工件的尺寸及形状。但在车削圆锥面或圆弧时，是 A 点—B 点之间的刀尖弧上的某一点在切削，会造成过切或欠切现象，影响工件的尺寸及形状精度，如图4-9所示，所以在编制数控车削程序时，必须给予考虑。

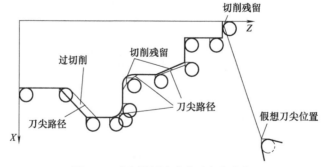

图4-9 刀尖圆弧造成的过切与欠切

（二）刀尖圆弧半径补偿的定义

由于在用圆头车刀进行圆锥面或圆弧切削时，会产生过切或欠切现象，但又为了确保工

件的尺寸及形状精度，加工时是不允许刀具刀尖圆弧的圆心运动轨迹与被加工工件轮廓重合的，而应与工件轮廓偏移一个刀尖半径值，这种偏移就称为刀尖圆弧半径补偿。

（三）刀尖圆弧半径补偿功能的编程

具有刀尖圆弧半径补偿功能的控制系统，在编程时不需要计算刀具中心的运动轨迹，只需按零件轮廓编程。使用刀具圆弧半径补偿指令，在控制面板上手工输入刀具的刀尖半径值，并且输入假想刀尖位置序号，数控装置便能自动地计算出刀尖中心轨迹，并按刀具圆弧的中心轨迹运动。即执行刀具圆弧半径补偿后，刀尖自动偏离工件轮廓一个刀尖半径值，从而加工出所要求的工件轮廓。

当刀具磨损或刀具重磨后，刀具半径变小或变大，这时只需要通过面板输入改变后的刀具半径，而不需要修改已编好的程序。

格式：

G41/42　　G01/G00　　X（U）　　Z（W）

G40　　　　G01/G100　　X（U）　　Z（W）

（四）刀尖圆弧半径补偿指令（G41、G42、G40）

① G41：刀具半径左补偿指令，即沿刀具运动方向看，刀具位于工件左侧时的刀具半径补偿，如图 4-10 所示。

② G42：刀具半径右补偿指令，即沿刀具运动方向看，刀具位于工件右侧时的刀具半径补偿，如图 4-10 所示。

③ G40：取消刀具半径补偿指令。

④ X（U）、Z（W）是 G01、G00 运动的目标点坐标。

使用刀具圆弧半径补偿指令时应注意以下几点：

① G41、G42、G40 必须与 G00 或 G01 指令一起使用，不能与圆弧插补指令 G02/G03 写在同一个程序段中。

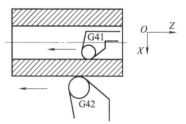

图 4-10　左刀补与右刀补

② 在 G41 或 G42 指令模式中，不允许有两段连续的非移动指令，否则刀具在前面程序段终点的垂直位置停止，会产生过切或欠切现象。

③ G41 或 G42 指令必须与 G40 指令成对使用。

④ 在加工比刀尖半径小的凹圆弧时，会产生报警。

⑤ 加工阶梯形状工件时，若阶梯高小于刀尖半径，会产生报警。

⑥ 在建立刀具半径补偿之前，刀具就离开轮廓适当的距离。

（五）假想刀尖位置序号

具备刀具半径补偿功能的数控系统，除利用刀具半径补偿指令外，还应根据刀具在切削时所装的位置，即刀具测量的象限，选择假想刀尖的方位。按假想刀尖的方位确定补偿量。

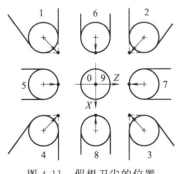

图 4-11　假想刀尖的位置

假想刀尖的方位有 10（0～9）种位置可以选择，如图 4-11 所示。0 或 9 方位圆弧中心与刀位点重合，无须补偿，1～8 方位的对刀均是以假想刀位点来进行的。也就是说，在刀具偏置存储器中设定的值，是通过假想刀尖点进行对刀后所得的机床坐标系中的绝对坐标值。

一般情况下车外表面车刀刀尖方位为 3 号方位，车内表面车刀刀尖方位为 2 号方位。

例 4-4　加工图 4-12 所示工件，试采用刀尖圆弧半径补偿编程。已知毛坯为 $\phi40mm×60mm$ 的棒料，材料为 45 钢。

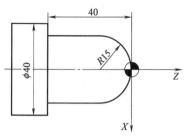

图 4-12　圆弧半径补偿实例

（1）工艺分析

该零件由外圆柱面及圆弧面组成。零件材料为 45 钢，切削性能较好，无热处理和硬度要求。

（2）加工过程

① 对刀，设置编程原点在右端面中心处。

② 用 G71 指令编程粗车各外形，X 向单边留余量 0.25mm，Z 向留余量 0.2mm。

③ 用 G70 指令编程精车各外形。

（3）选择刀具

选取硬质合金 93 度右偏车刀，用于粗精车零件各面，刀尖圆角半径 $R = 0.4$mm，刀尖位置 $T = 3$，位于 T01 刀位。

（4）确定切削用量

加工内容	背吃刀量 a_p/mm	进给量 f/(mm/r)	主轴转速 S/(r/min)
粗车各外形面	2	0.2	600
精车各外形面	0.25	0.1	1200

（5）加工程序

O2001	程序号
T0101	调用 1 号刀及刀补
G00X100Z100	
G97G99M03S600	选择恒转速、每转进给、主轴正转
G00G41X41Z2	快进到 G71 循环起点
G71U2R0.5	粗车循环
G71P10Q20U0.5W0.5F0.2	
N10	
G00X0	
G01Z0F0.1	
G03X30Z－15R15	
G01Z－40	
N20X41	
G00X100Z100	快速退刀
M05	停机测量
M00	
T0101	调用调整后刀补
M03S1200	主轴以精车转速正转
G00G42X41Z2	到循环起点并调用刀具圆弧半径补偿
G70P10Q20	精车循环
G00G40X100Z100	回起刀点并取消刀具半径补偿
M05	主轴停
M30	程序结束
％	

任务 2　铰柱加工及检验

任务目标

正确制定带圆弧及凹凸结构零件的编程加工工艺和编制数控加工程序，学会量具的正确使用、车削加工工件的精度检验和加工质量分析。

任务要求

编制铰柱的加工工艺路线、工艺卡、加工程序单，并选择毛坯和工夹具，进行切削加工。对铰柱加工件分析检验加工质量，修改完善加工工艺和程序。

任务分析

本次任务是完成项目工件（图 4-1）加工，工艺过程的安排，精度的控制，各个检验项目及标准，产品质量分析。

任务内容

一、制定铰柱加工工艺

（一）填写工艺卡

见表 4-1。

表 4-1　铰柱数控加工工艺卡片

单位名称		产品名称或代号		零件名称		零件图号	
工序号	程序编号	夹具编号		使用设备		车间	
工步号	工步内容	刀具号	刀具规格	主轴转速	进给速度	切削速度	备注
编制		审核		批准		年　月　日　　共　页	第　页

（二）工装准备

1. 选择毛坯、下料

切割 $\phi30$ 圆钢，长度为 70mm（实际生产中一般使用锻造毛坯，经过调质处理）。

2. 刀具、量具准备

（1）刀具

93°左偏尖刀（较大副偏角防过切）　车外圆、台阶和球面。

右偏刀　切球面根部。

4mm 切断刀　用于切断工件，使用高速钢刃磨。

（2）量具

钢直尺　用于测量工件装夹长度和装刀高度。

游标卡尺　用于测量工件直径和长度，测量精度较低。

千分卡尺　用于测量工件直径和长度，测量精度较高。

R 规　用于测量圆弧面半径。

二、铰柱首件编程加工

1. 求基点

利用 CAD 求出各基点，见图 4-13。

当以右端面（球形端）中心为工件原点时，用 CAD 可求得基点 P_1、P_2、P_3、P_4 的坐标值。

P_1　$X19.74\ Z-19.10$　　P_2　$X14.51\ Z-21.47$

P_3　$X17.59\ Z-32.35$　　P_4　$X19.86\ Z-33.69$

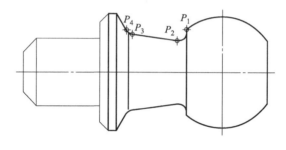

图 4-13　铰柱基点

2. 编制 $\phi16$、$\phi28$ 及倒角处（图 4-14 粗实线部分）加工程序

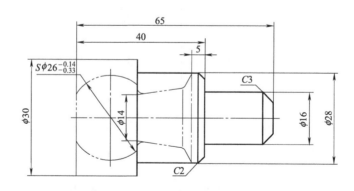

图 4-14　铰柱左端加工图

3. 编制右端加工程序

按图 4-14 编程，装夹部分为 $\phi16$ 圆柱，注意用铜皮包夹并使用顶尖。

三、铰柱加工及检验

铰柱首件加工后，要分析检验加工质量，修改完善加工工艺和程序，然后进行批量生产，质量检验项目见铰柱质量检验表（表 4-2）。

表 4-2 铰柱质量检验表

班别			姓名		机床号	
鉴定项目及标准			检验结果	是否合格	备注(意见)	
长度		65				
		40				
		29				
		14				
		5				
直径		$\phi 28$				
		$\phi 16$				
		$\phi 18$				
		$\phi 14$				
		$\phi 14.5$				
球面直径		$S\phi 26^{-0.14}_{-0.33}$			重要尺寸	
$S\phi 26^{-0.14}_{-0.33}$ 粗糙度		$Ra3.2$			重要面	
两处 $R5$ 圆弧粗糙度		$Ra3.2$				
其余粗糙度		$Ra12.5$				
检验员			年 月 日			

外形车削综合练习题：

1. 制定图 4-15 零件的车削加工工艺（填表 4-3、表 4-4），并用复合循环指令编写粗、精车和切槽、切断程序，毛坯为 $\phi 30$ 的圆钢。

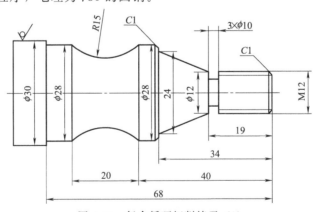

图 4-15 复合循环切削练习（1）

表 4-3 数控加工刀具卡

刀具号	刀具类型	加工内容	主轴转速	进给速度

表4-4　螺纹参数计算表

螺纹参数名称	数值	计算过程(或查表)
大径		
小径		
螺距		
螺牙高		

2. 制定图4-16零件的车削加工工艺（填表4-5、表4-6），并用复合循环指令编写粗、精车和切槽、切断程序，毛坯为ϕ30的圆钢。

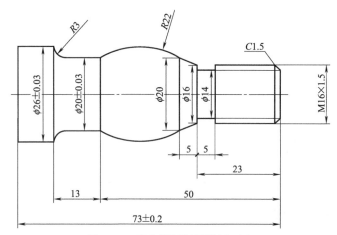

图4-16　复合循环切削练习（2）

表4-5　刀具及工艺简表

刀具号	刀具类型	加工内容	主轴转速	进给速度

表4-6　螺纹参数计算表

螺纹参数名称	数值	计算过程
大径		
小径		
螺距		
螺牙高		

3. 制定图4-17零件的数控加工工序卡（见表4-7）、加工检验单，并编写加工程序且加工，毛坯为ϕ30×110的圆钢。

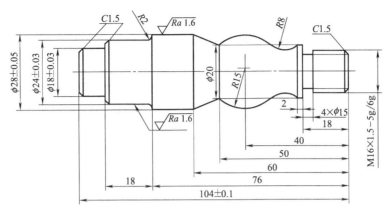

两圆弧交点处坐标X19.86 Z−30.18

图 4-17 复合循环切削练习（3）

表 4-7 数控车削加工工序卡

单位	数控加工工序卡片	产品名称或代号		零件名称	零件图号
		车间		使用设备	
		工艺序号		程序编号	
		夹具名称		夹具编号	
工步号	工步作业内容	加工面	刀具号	刀补量	主轴转速	进给速度	切削深度	备注
编制		审核		批准		年 月 日	共 页	第 页

项目 5

螺套的数控车削加工

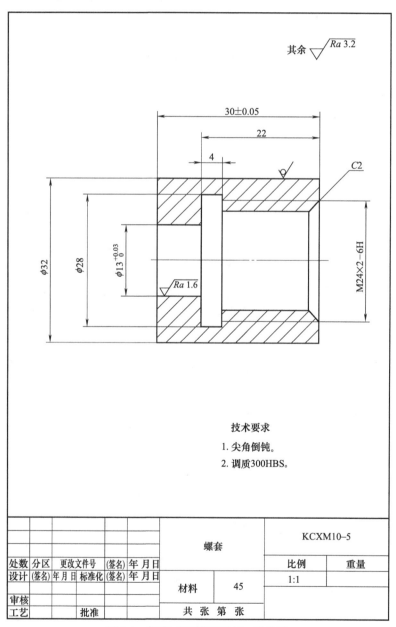

技术要求

1. 尖角倒钝。
2. 调质300HBS。

					螺套		KCXM10–5	
							比例	重量
处数	分区	更改文件号	(签名)	年月日				
设计	(签名)	年月日	标准化	(签名)年月日	材料	45	1:1	
审核								
工艺			批准		共 张 第 张			

图 5-1 螺套（即螺纹轴套）零件图

72

学习目标

1. 知识目标

掌握轴套类零件的数控加工工艺制定，内孔、内圆锥、内螺纹工件的车削编程，加工时螺纹底孔的计算。

2. 技能目标

熟练掌握数控车床内表面车削基本操作及对刀，车削加工中刀具和量具的使用，加工质量的检验及精度控制。

项目实施

本项目以螺纹轴套（图 5-1）为载体，在完成零件的内螺纹数控编程加工过程中学习孔加工知识和技术。

任务 1　内表面的循环编程车削

任务目标

了解孔加工工艺，掌握内孔的数控加工编程。

任务要求

选择孔加工刀具，制定加工工艺方案，进行图 5-2 所示内孔的数控编程车削加工。

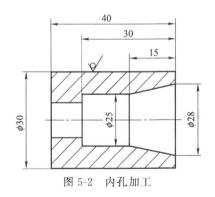

图 5-2　内孔加工

任务分析

使用中心钻钻中心孔，用钻头钻孔及扩孔，用 G90、G71 和 G73 循环指令编程车削内孔。

相关知识

一、孔加工工艺

（一）内孔加工方法

1. 孔加工顺序及刀具

孔加工的顺序：钻中心孔（φ5 中心钻）—钻孔（φ20 麻花钻）—车内孔（内孔车刀）。

2. 孔加工刀具

见图 5-3。

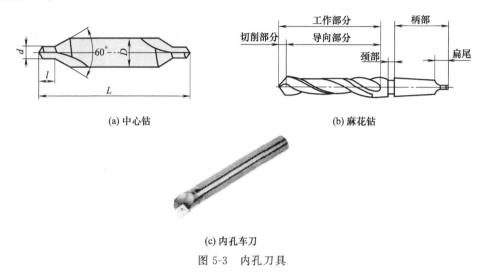

(a) 中心钻   (b) 麻花钻

图 5-3　内孔刀具

3. 常见的内表面加工方法

见图 5-4。

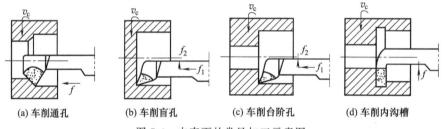

(a) 车削通孔　　(b) 车削盲孔　　(c) 车削台阶孔　　(d) 车削内沟槽

图 5-4　内表面的常见加工示意图

（二）车床上钻孔操作方法

① 车平工件钻孔端面。

② 在尾座钻夹上装中心孔钻，钻中心孔定出中心位置。

③ 装夹钻头，锥柄钻头直接装在尾座套筒锥孔内，直柄钻头用钻夹头夹持。

④ 调整尾座位置使钻头能进给到所需长度，并使套筒伸出长度较短，然后固定尾座。

⑤ 开车床进行钻削。

钻孔时要注意：开始时进给要慢，使钻头准确地钻入。钻削时切削速度不应过大，以免钻头剧烈磨损。钻削过程中应经常退出钻头排屑。

钻削碳素钢时，须加切削液，孔将钻通时，应减慢进给速度，以防折断钻头。孔钻通后，先退钻头，后停车。

（三）内孔车刀安装要求

由于车内孔时，内孔车刀是伸进孔内进行切削加工的，因车刀刀杆细而长，而且操作空间小，因此在安装刀具时，应注意以下几点。

① 选择刀具时要注意孔结构和尺寸，留有足够的走刀和退刀空间，避免干涉。

② 刀杆伸出刀架处的长度应尽可能短，以增加刚性，避免因刀杆弯曲变形，而使孔产生锥形误差。

③ 刀尖应略高于工件旋转中心，以减小振动和避免扎刀现象，防止车刀下沿碰坏孔壁，

影响加工精度。

④ 刀杆要装正，不能歪斜，以防止刀杆碰坏已加工表面。

二、内孔车削编程

1. 用简单循环指令 G90 切削编程

格式（同外圆车削）：G90X—Z-F-

注意：

① 切削深度必须要小，否则易振动损坏刀具；

② 循环起点位置 X 值必须小于原有孔的直径值。

孔加工编程举例如下。

例 5-1 制定图 5-5 工件内孔加工工艺，用 G90 指令编程并加工（毛坯为 $\phi30\times40$ 的 45 钢毛坯）。

加工工艺：车端面（手动）—钻中心孔（手动）—钻 $\phi20$ 孔（手动）—车削内孔（编程加工）。

指定循环起点（X18Z2）

注意：起点 X 值必须小于或等于钻孔直径（X20），起点 Z 值在孔口（Z0）的右侧。

加工程序如下。

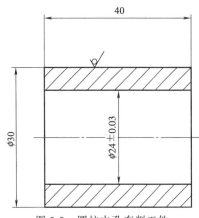

图 5-5 圆柱内孔车削工件

O0090

T0101

G00X100Z100

G97G99

M03S600

G00X20Z2　　　　　　　　到循环起点

G90X21Z－42F0.2

X22

X23

X23.5

X24F0.1　　　　　　　　　最后精车

G00X100Z100

M05

M30

％

2. 用复合循环指令 G71 编程

格式（同外圆车削）：

G71U—R—

G71P—Q—U—W—F—

注意：

① 每次进刀深度 U 必须要小，否则易振动损坏刀具；

② 循环起点位置 X 值必须小于原有孔的 X 值；

③ 第二行的 U 值（精加工余量）为负数。

例 5-2 用 G71 和 G70 指令编制图 5-6 工件内孔粗精加工程序（加工余量为 4mm）。

加工工艺：车端面（手动）—钻中心孔（手动）—钻 $\phi20$ 孔（手动）—车削内孔（编程加工）。

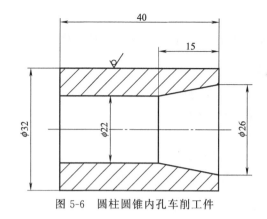

图 5-6　圆柱圆锥内孔车削工件

加工程序如下。

O0090

T0101

G00X100Z100

G97G99

M03S600

G00X18Z2　　　　　　　　　　　　　到循环起点

G71U1R0.5　　　　　　　　　　　　　粗车循环

G71P100Q200U−0.5W0F0.25

N100G00X26

G01Z0F0.1

X22Z−15

Z−42

N200X18

G00X100Z100　　　　　　　　　　　　回起刀点

M05

M00　　　　　　　　　　　　　　　　暂停测量

T0101　　　　　　　　　　　　　　　调用调整后刀补

M03S1000　　　　　　　　　　　　　主轴正转

G00X18Z2　　　　　　　　　　　　　到循环起点

M03S1000

G70P100Q200　　　　　　　　　　　　精车循环

G00X100Z100

M05

M30

%

任务2　内螺纹的编程车削

任务目标

学习内螺纹的基本知识。

任务要求

按图 5-7 编程车削内螺纹。

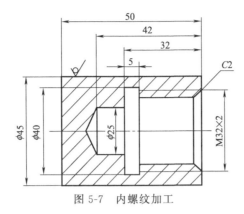

图 5-7　内螺纹加工

任务分析

本次任务为螺纹孔的加工，要了解在车床上钻中心孔、钻孔、扩孔，车削内孔和内螺纹孔。计算内螺纹参数，计算和加工螺纹底孔，然后用内槽刀加工退刀槽，编程车削内螺纹并检测加工质量。

相关知识

一、普通内螺纹相关尺寸确定

见图 5-8 的内螺纹图。

① D：内螺纹公称直径（与大径相等）。

② H：牙型高度。

$H = 0.65P$

③ D_1：内螺纹小径。

$D_1 = D - P$

④ 车螺纹升速段 δ 降速段 δ_1。

$\delta = (1 \sim 3)P$　　$\delta_1 = (0.5 \sim 2)P$

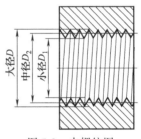

图 5-8　内螺纹图

二、内螺纹加工编程

用简单循环指令 G92 切削编程的格式（同外螺纹车削）：G92 X—Z—F—

X、Z 为循环车削终点，F 为螺纹导程（单线螺纹时即为螺距）。

注意：

① 内螺纹切削前，必须求出螺纹大小径和螺距；

② 按螺纹小径先加工出内孔；

③ 螺纹分多层切削。每次背吃刀量比外螺纹小。

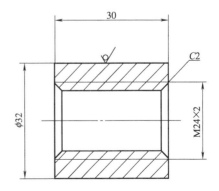

图 5-9　内螺纹车削工件

例 5-3 计算图 5-9 螺纹各参数，用 G92 指令编制内螺纹加工程序（毛坯为 $\phi32\times35$ 圆钢）。

解 （1）计算螺纹参数

螺纹参数名称	数值	计算过程
大径	24	D（等于公称直径）
小径	22	$D_1=24-2=22$
螺距	2	P
螺牙高	1.3	$H=0.65\times2=1.3$

（2）制定加工工艺

刀具号	刀具类型	加工内容	主轴转速	进给速度
1	端面车刀	车端面(手动或 G94 指令)	500r/min	0.1mm/r
2	内孔车刀	车内孔	600r/min(粗) 1000r/min(精)	0.15mm/r
3	内螺纹刀	车内螺纹	300r/min	
	$\phi5$ 中心钻	钻中心孔(手动)	300r/min	
	$\phi20$ 钻头	钻孔(手动)	300r/min	

（3）编制螺纹底孔加工程序

① 用 G92 编程车螺纹

O2001	
T0101	调用端面车刀
G00X100Z100	
G97G99	
M03S600	
X34Z2	
G94X18Z0F0.1	车端面
G00X100Z100	
T0202	调用内孔车刀
X19Z0	
G71U0.7R0.5	粗车内孔
G71P100Q200U－0.5W0F0.2	
N100G01X24F0.1	
X22Z－2	
Z－28	
X30Z－30	
N200X19	
M03S1000	
M00	
G70P100Q200	精车内孔
G00Z100X100	
T0303	调用螺纹刀
M03S300	

X20Z2

G92X20.8Z－32F2   车螺纹

X21.5

X22

X22.5

X23

X23.4

X23.7

X24

X24

X24

G00 X100 Z100

M05

M30

%

② 用 G76 编程车螺纹

O2002

T0101   调用端面车刀

G00X100Z100

G97G99

M03S600

X34Z2

G94X18Z0F0.1   车端面

G00X100Z100

T0202   调用内孔车刀

X19Z0

G71U0.7R0.5   粗车内孔

G71P100Q200U－0.5W0F0.2

N100G01X24F0.1

X22Z－2

Z－28

X30Z－30

N200X19

M03S1000

M00

G70P100Q200   精车内孔

G00Z100X100

T0303

M03S300

X20Z2

G76P020060Q100R0.2   车螺纹

G76X23.76Z－32P1300Q300F2

G00 X100 Z100
M05
M30
%

任务3 螺套加工及检验

任务目标

掌握内孔和内螺纹的编程加工和检验。

任务要求

制定图 5-1 所示螺套数控加工工艺，编程加工并进行检验。

一、螺套工装准备及加工

选择毛坯和工夹具、刀具进行螺套车削加工。

图 5-10 螺纹塞规

螺纹样板规 用于螺纹刀刃磨测量角度和对刀。

螺套加工质量检验表见表 5-1。

二、加工质量检验分析

螺套首件加工后，要分析检验加工质量，填写螺套质量检验表，修改完善加工工艺和程序，然后可进行批量生产。

内螺纹检测量具——螺纹塞规 螺纹塞规（图 5-10）用于检测内螺纹，塞规分为两端，较长端为通规，较短端为止规，用通规检测时能全部旋入螺孔，而用止规检测时能旋入 3 个螺牙时为合格。

表 5-1 螺套加工质量检验表

班别			姓名			机床号	
鉴定项目及标准			检验结果		是否合格		备注(意见)
长度		30					
直径		$\phi28$					
		$\phi13^{+0.03}_{0}$					
内螺纹		M24×2-6H					
倒角		C2					
粗糙度		Ra1.6					
其余粗糙度		Ra3.2					
检验结果分析							
检验员						年 月 日	

综合编程实例：

下面以图 5-11 所示的锥孔螺母套零件为例，介绍数控车削加工工艺及编程，单件小批量生产，所用机床为 CJK6135，数控系统为 GSK 980TD。

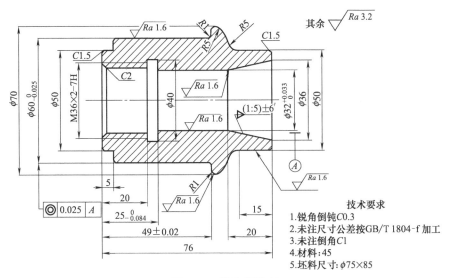

图 5-11　锥孔螺母套

1. 零件图工艺分析

该零件表面由内外圆柱面、圆锥面、顺圆弧、逆圆弧及内螺纹等表面组成，其中多个直径尺寸与轴向尺寸有较高的尺寸精度、表面粗糙度和形位公差要求。零件图尺寸标注完整，符合数控加工尺寸标注要求；轮廓描述清楚完整；零件材料为 45 钢，切削加工性能较好，无热处理和硬度要求。通过上述分析，采取以下几点工艺措施。

① 零件图样上带公差的尺寸，除内螺纹退刀槽尺寸 $25_{-0.084}^{\ 0}$ 公差值较大、编程时可取平均值 24.958 外，其他尺寸因公差值较小，故编程时不必其平均值，而取基本尺寸即可。

② 左右端面均为多个尺寸的设计基准，相应工序加工前，应该先将左右端面车出来，车端面时注意保证总长为 76。

③ 内孔圆锥面加工完后，需掉头再加工内螺纹。

2. 确定装夹方案

内孔加工时以外圆定位，用三爪自定心卡盘夹紧。加工外轮廓时，为保证同轴度要求和便于装夹，以坯件左侧端面和轴线为定位基准，为此需要设一心轴装置（如图 5-12 双点画线），心轴左端部分用三爪自定心卡盘夹持，心轴右端钻中心孔，用尾座顶尖顶紧以提高工艺系统的刚性及同轴度。

3. 确定加工顺序及走刀路线

加工顺序的确定按先加工基准面、再按先内后外、先粗后精、先近后远的原则确定，在一次装夹中尽可能加工出较多的工件表面。结合本零件的结构特征，可先粗、精加工内孔各表面，然后粗、精加工外轮廓表面。由于该零件为单件小批量生产，走刀路线设计不必考虑最短进给路线或最短空行程路线，外轮廓表面车削走刀路线可沿零件轮廓顺序进行，如图5-13 所示。

4. 刀具选择

① 车削端面选用 45°硬质合金端面车刀。

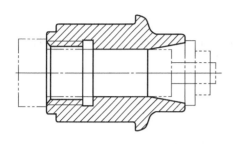

图 5-12　外轮廓车削心轴定位装置

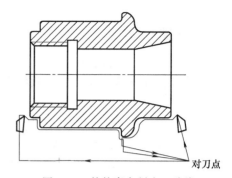

图 5-13　外轮廓车削走刀路线

② $\phi 5$ 中心钻，钻中心孔以利于钻削底孔时刀具找正。

③ $\phi 30$ 高速钢钻头，钻内孔底孔。

④ 粗车内孔选用内孔车刀。

⑤ 螺纹退刀槽加工选用 5mm 宽度内槽车刀。

⑥ 内螺纹切削选用 60°内螺纹车刀。

⑦ 选用 93°硬质合金右偏刀，副偏角选 35°，自右到左车削外圆表面。

⑧ 选用 93°硬质合金左偏刀，副偏角选 35°，自左到右车削外圆表面。

⑨ 选用 3mm 宽度硬质合金切槽刀，切断工件。

将所选定的刀具参数填入表 5-2 数控加工刀具卡片中，以便于编程和操作管理。

表 5-2　数控加工刀具卡片

产品名称	数控车削工艺 分析实例	零件名称	锥孔螺母套	零件图号	01
序号	刀具规格名称	数量	加工表面	刀尖半径	备注
1	45 度合金端面刀具	1	车端面	0.5	
2	$\phi 4$ 中心钻		钻 $\phi 4$ 中心孔		
3	$\phi 30$ 钻头		钻孔		
4	内孔车刀	1	车内孔及内锥	0.4	
5	5mm 内槽刀	1	车内槽	0.4	
6	60°内螺纹刀	1	车内螺纹及孔倒角	0.3	
7	93°右偏刀	1	从右自左车外表面	0.2	
8	93°左偏刀	1	从左自右车外表面	0.2	
9	3mm 硬质合金切槽刀	1	切断	0.1	
编制		审核	批准	第一页	第一页

5. 切削用量选择

根据被加工表面质量要求、刀具材料和工件材料，参考切削用量手册或有关资料选取切削速度与每转进给量，计算主轴转速与进给速度（计算过程略），计算结果填入工序卡中。根据 CJK6135 车床配备的 GSK 980TD 数控系统功能，进给速度由系统根据螺距与主轴转速自动确定。

背吃刀量的选择因粗、精加工而有所不同。粗加工时，在工艺系统刚性和机床功率允许的情况下，尽可能取较大的背吃刀量，以减少进给次数；精加工时，为保证零件表面粗糙度要求，背吃刀量一般取 0.2～0.4mm 较为合适。

6. 数控加工工序卡片拟订

将前面分析的各项内容综合成表 5-3 所示的数控加工工序卡片，此表是编制加工程序的主要依据和操作人员配合数控程序进行数控加工的指导性文件，主要内容包括工步顺序，工步内容、各工步所用的刀具及切削用量等。

表 5-3　数控加工工序卡片

单位名称		产品名称		零件名称	零件图号
		数控车削实例		锥孔螺母套	01
工序号	程序编号	夹具名称	使用设备		车间
01	01	三爪卡盘、自制心轴	CJK6135		数控中心
工步号	工步内容	刀具名称及规格	主轴转速 /(r/min)	进给速度 /(mm/r)	背吃刀量 /mm	备注
1	平端面	端面车刀 25×25	320	40	1	自动
2	粗、精外圆至 φ70	93°右偏刀	500	40	1	自动
3	切断、长度 77mm	3mm 切断刀	500	40		自动
4	车另一端面、长度 76mm	端面车刀 25×25	320	40		自动
5	钻中心孔	φ5 中心钻	300			手动
6	钻孔	φ30 钻头	200			手动
7	粗、精车内圆及锥孔	内孔车刀 20×20	500	41	0.5	自动
8	车螺纹底孔、倒角	内孔车刀 20×20	320	25	0.5	自动
9	车内退刀槽	内槽刀 20×20	320	30		自动
10	车内螺纹	内螺纹刀 20×20	320	2		自动
11	自右至左车外表面	右偏刀 25×25	320	30	1	自动
12	自左至右车外表面	左偏刀 25×25	320	30	1	自动
编制		审核		批准		年　月　日		共 1 页	第 1 页

7. 加工程序与操作步骤

① 基准面加工：采用自动方式加工出圆柱体。平端面—粗、精车外圆—切断—(掉头)平端面。用 45°右偏刀、93°右偏刀、切断刀加工，保证 φ70，长度 76。

② 钻中心孔：在 MDI（或手动）方式下，用 φ5mm 的中心钻，钻深 3～5 深度的中心孔。

③ 钻孔：在 MDI（或手动）方式下，用 φ30 的钻头，钻通孔。

④ 车内直孔及锥孔：在自动方式下，用内孔车刀粗车、精车内孔，三爪自定心卡盘夹左端，选工件右端面与轴线交点为工件坐标系原点。加工程序如下。

O1001

T0101

G00X100Z200

G97G99M03S500

X30Z5　　　　　　　　　　　　快速到循环起点

G90X31.5Z－78F0.2　　　　　　粗车内圆柱面

X32　　　　　　　　　　　　　精车内圆柱面

X31.5Z－20R2.5　　　　　　　　粗车内圆锥面

X32　　　　　　　　　　　　　精车内圆锥面

```
G00X100Z200
M05
M30
%
```

⑤ 内螺纹底孔加工：在自动方式下，用内孔车刀倒角 C1.5，车内孔至内螺纹小径 $\phi34$、深度 25。用内孔车刀车螺纹底孔、用切槽刀车退刀槽、用内螺纹刀车内螺纹。

```
O1002
T0101                      换内孔车刀
G00X100Z200
G97G99M03S500
G00X32Z2                   到循环起点
G90X33Z－25F0.2            车底孔第一刀
X34                        车底孔第二刀
X38                        到倒角直径
G01Z0F0.2                  到倒角前端
X34Z－2                    倒角
G00X30                     退刀
G00Z5                      退刀出孔口
G00X100Z200
T0202                      换内槽刀
M03S200
G00X30Z5                   靠近孔口
Z－25                      到切槽位置
G01X40F0.1                 切槽
X30                        退刀
G00Z5                      退刀出孔口
G00X100Z200
T0303                      换螺纹刀
M03S200
G00X30Z2
G92X35Z－22F2             车螺纹
X35.6
X35.8
X36
X36                        精修螺纹第一刀
X36                        精修螺纹第二刀
G00X100Z200
M05
M30
%
```

外轮廓表面加工：在自动方式下，采用 93°右偏刀自右至左车外表面一采用自左至右车外表面（走刀路线如图 5-13 所示），用三爪自定心卡盘夹紧工件并用螺母固定，尾座支承且找正使同心。加工程序如下。

O2001
T0101
G00X100Z200
G97G99M03S500
X70Z3　　　　　　　　　　　　　到循环起点
G71U1R0.5　　　　　　　　　　循环粗车右端
G71P10Q20U0.5W0F0.3
N10G00X50
G01Z－15F0.1
G02X60Z－20R5
G03X70Z－25R5
G01Z－30
N20X70
G00X100Z200
M05
M00　　　　　　　　　　　　　　暂停进给，测量尺寸
T0101
M03S1000
G00X70Z3
G70P10Q20　　　　　　　　　　精车右端
G00X71
Z－78　　　　　　　　　　　　　定位到左边循环起点
M03S500
G71U1R0.5　　　　　　　　　　循环粗车左端
G71P30Q40U0.5W0F0.3
N30G00X47
G01Z－76F0.1
X50Z－74.5
Z－28
G02X52Z－27R1
G01X68
G03X70Z－26R1
N40G00X70
G00X100Z200
M05
M00　　　　　　　　　　　　　　暂停进给，测量尺寸
T0101
M03S1000
G00X71Z－78
G70P30Q40　　　　　　　　　　精车左端
G00X100Z200
M05
M30
%

车削配合件编程加工练习：

制定如图 5-14 所示配合工件加工工艺并进行编程加工。

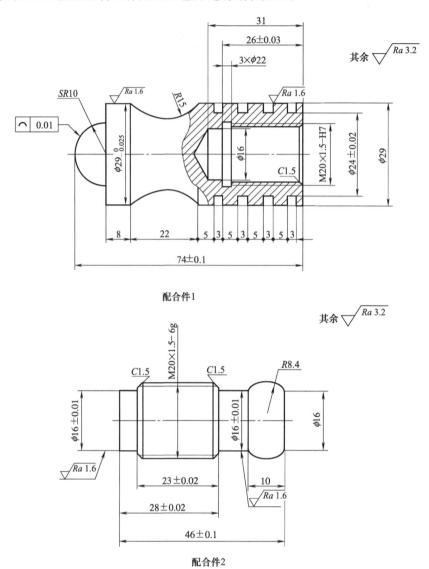

配合件1

配合件2

图 5-14　配合件

落料模的数控铣削加工

学习目标

1. 知识目标

掌握数控铣/加工中心的操作加工基本知识，掌握内外轮廓铣削工艺、孔加工工艺及手工编程。

2. 技能目标

熟练掌握数控铣/加工中心基本操作及对刀，数控铣削加工中刀具和量具的使用，加工质量的检验及精度控制。

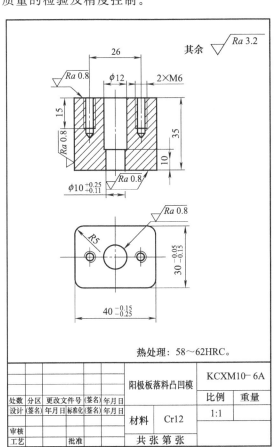

(a) 凸凹模零件图

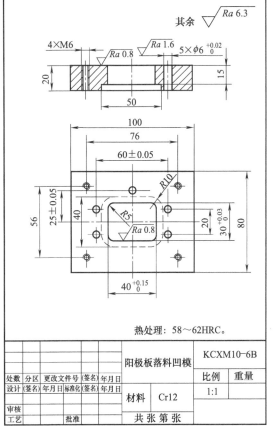

(b) 凹模零件图

图 6-1

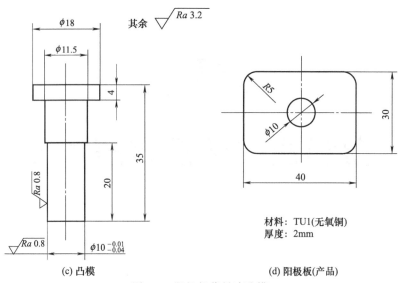

图 6-1　阳极板落料冲孔模

项目实施

本项目以阳极板落料冲孔模（见图 6-1）为载体，零件要进行外形加工、内槽加工、光孔加工和螺纹孔加工，在完成零件的数控编程加工过程中学习数控铣加工知识和技术。本项目下设 6 个任务，在每个任务中对落料模加工所需知识和技能进行单项学习和训练，最后综合应用各任务知识技能，完成落料模的工艺制定及手工编程加工。

任务1　分析图纸及制定工艺

任务目标

学习数控铣削常用加工方法，了解铣削加工的特点和铣削加工用量的选择。

任务要求

读阳极板落料冲孔模（凸凹模、凸模）零件图，写出读图分析报告，确定加工方式及用量，制定加工工艺方案，完成加工工艺卡片。

任务分析

本项目为两个工件的加工，要了解铣削加工的常用方法、装夹方式、刀具等有关知识，必须认真读图，分析技术要求，查阅教材及相关资料，设计加工路线。

相关知识

一、分析图纸

读图参考步骤如下。
① 读标题栏：零件的名称、绘图比例、零件重量、图纸编号。
② 解释牌号 Cr12，说明材料种类、成分、性能、应用及热处理特点。

③ 零件基本组成，各部位表面质量精度与零件工作环境的关系。

④ 了解常用的热处理方法，读懂零件的热处理工艺和硬度符号。

二、铣削加工工艺

（一）零件工艺分析

① 零件特点分析：零件的类型和材料，有无热处理和硬度要求，零件的组成表面，需切削部分，表面粗糙度和尺寸精度要求高的部位采用何种加工方法保证。

② 凸模、凸凹模、凹模的配合结构和配合尺寸关系。

③ 加工工艺措施：编程尺寸选择和处理，加工顺序安排。

（二）选择设备

1. 数控铣床（加工中心）的功能

铣削是铣刀旋转作主运动，工件或铣刀作进给运动的切削加工方法。数控铣削是一种应用非常广泛的数控切削加工方法，能完成数控铣削加工的数控设备主要是数控铣床和加工中心。各种平面轮廓和立体轮廓的零件，如凸轮、模具、叶片、螺旋桨等都可采用数控铣削加工。此外，数控铣床也可进行钻、扩、铰、镗孔和攻螺纹等加工。

加工中心是在数控铣床的基础上加上了刀库和自动换刀机构，它的加工精度更高、表面质量更好、加工效率更高，但设备昂贵，刀具性能要求高，使用和维修管理要求高，要求操作者具有较高的技术水平。

2. 常用铣床数控系统

常用的数控铣床数控系统为 FANUC 0i Mate，SIEMENS 802D（SINUMERIK 802D），SIEMENS 802S，华中世纪星（HNC-21M）。

（三）铣削加工工艺

1. 铣削零件的常用装夹方式

（1）机床用平口虎钳

机床用平口虎钳结构如图 6-2 所示。虎钳在机床上安装的大致过程为：清除工作台面和虎钳底面的杂物及毛刺，将虎钳定位键对准工作台 T 形槽，调整两钳口平行度，然后紧固虎钳。

要保证机床用平口虎钳在工作台上的正确位置，必要时用百分表找正固定钳口面，其与工作台运动方向平行或垂直。夹紧时，应使工件紧密地靠在平行垫铁上。工件高出钳口或伸出钳口两端距离不能太多，以防铣削时产生振动。

（2）压板

对中型、大型和形状比较复杂的零件，一般采用压板将工件紧固在数控铣床工作台上，如图 6-3 所示。压板装夹工件时所用工具比较简单，主要是压板、垫铁、T 形螺栓及螺母。但为满足不同形状零件的装夹需要，压板的形状种类也较多。

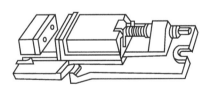

图 6-2　机床用平口虎钳　　　　　　　　　图 6-3　压板装夹

（3）万能分度头

分度头是数控铣床常用的通用夹具之一。许多机械零件（如花键等）在铣削时，需要利用分度头进行圆周分度，铣削等分的齿槽。其在数控铣床上的主要功能是：能够将工件任意的圆周等分。图 6-4 所示为分度头外形及结构。

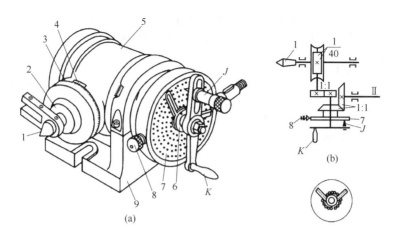

图 6-4　万能分度头

1—顶尖；2—主轴；3—刻度盘；4—游标；5—壳体；6—分度叉；
7—分度盘；8—紧固螺钉；9—底座

2. 确定加工顺序及进给路线

确定工件平面、内外轮廓、孔、螺纹的加工顺序。

3. 选择刀具

数控铣削加工常用的刀具种类有平面刀、立铣刀、键槽铣刀、中心钻、钻头、丝锥等（如图 6-5），要根据加工特点选择刀具种类和尺寸。

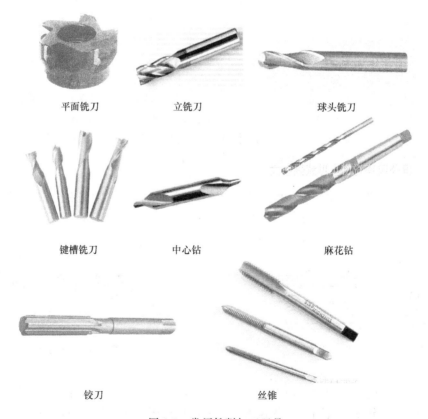

图 6-5　常用铣削加工刀具

4. 选择切削用量

铣削加工的切削用量可查阅切削手册确定，以下给出 45 钢工件常用加工用量的经验值，选用时可根据刀具、工件材料、机床性能等进行调整。

（1）背吃刀量 a_p 选择

一般加工钢料时，粗铣 $a_p＝3～5mm$，精铣 $a_p＝0.2～0.5mm$。

侧吃刀量（切削宽度）一般取 $0.6～0.9d$（d 为铣刀直径）。

（2）主轴转速选择

粗铣 500～800r/min　精铣 1000～2000r/min

钻孔 500～1000r/min

铰孔 100～300r/min

攻螺纹 50～200r/min

（3）进给速度 F 确定

铣平面 $F＝50～100mm/min$

粗铣轮廓 $F＝200～300mm/min$　精铣轮廓 $F＝100～200mm/min$（在机床和刀具刚度足够，切削深度不大时，F 可达 $2000～3000mm/min$）

下刀 $F＝80～100mm/min$

钻孔 $F＝80～150mm/min$

（四）编制工艺过程卡、工序卡

见表 6-1～表 6-3。

表 6-1　数控加工工序卡片

单位	数控加工工序卡片	产品名称或代号		零件名称	零件图号
		车间		使用设备	
		工艺序号		程序编号	
		夹具名称		夹具编号	
工步号	工步作业内容	加工面	刀具号	刀补量	主轴转速	进给速度	切削深度	备注
编制		审核		批准		年　月　日	共　页　第　页	

表 6-2　数控加工工艺卡片

单位名称		产品名称或代号		零件名称		零件图号	
工序号	程序编号	夹具编号		使用设备		车间	
工步号	工步内容	刀具号	刀具规格	主轴转速	进给速度	切削速度	备注
编制		审核		批准		年　月　日	共　页	第　页

表 6-3　刀具卡

刀具号	刀具类型	加工内容	主轴转速	进给速度

任务 2　数控铣床基本操作及对刀

任务目标

了解数控铣床的结构组成，熟悉数控铣床的面板并掌握基本操作方法，了解常用数控铣削刀具及安装使用，了解数控铣床的对刀原理并能进行对刀。

任务要求

进行数控铣床的基本操作，录入给定加工程序并对刀加工图 6-6 工件（工件毛坯为 50×50 硬铝方块）。

任务分析

本次课为简单工件的数控铣削，要求学习和熟悉数控铣床面板和基本操作方法，选择及安装铣刀和工件，掌握基本对刀操作，编辑输入数控程序并加工任务工件，加工完成后测量尺寸，分析尺寸精度、表面粗糙度。

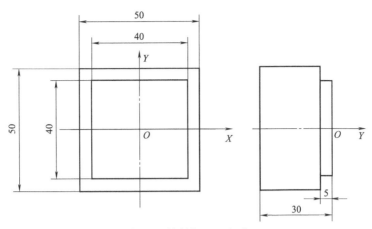

图 6-6　铣削加工正方形

相关知识

一、数控铣床面板及按键功能

FANUC 0i Mate-MC 是常用的数控系统，它的数控系统面板主要由 CRT 显示区、编辑面板及控制面板三部分组成，如图 6-7 所示。

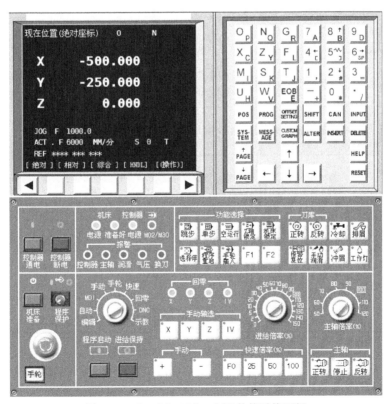

图 6-7　FANUC 0i Mate-MC 数控系统面板

（一）CRT 显示区

FANUC 0i Mate-MC 数控系统的 CRT 显示区位于整个机床面板的左上方，包括 CRT

显示屏及软键，如图 6-8 所示。

（二）编辑面板

FANUC 0i Mate-MC 数控系统的编辑面板位于 CRT 显示区的右侧（见图 6-9），各按键名称及用途见表 6-4、表 6-5。

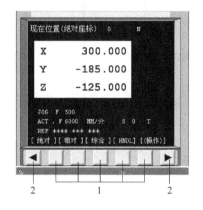

图 6-8　FANUC 0i Mate-MC 数控
系统 CRT 显示区
1—功能软键；2—扩展软键

图 6-9　FANUC 0i Mate-MC 数控
系统的编辑面板

表 6-4　FANUC 0i Mate-MC 数控系统编辑面板主功能键名称及用途

序号	按键符号	按键名称	用途
1	POS	位置显示键	显示刀具的坐标位置
2	PROG	程序显示键	在"EDIT"模式下，显示存储器内的程序；在"MDI"模式下，输入和显示 MDI 数据；在"AUTO"模式下，显示当前待加工或正在加工的程序
3	OFFSET SETTING	参数设定/显示键	设定并显示刀具补偿值、工件坐标系及宏程序变量
4	SYS-TEM	系统显示键	系统参数设定与显示，以及自诊断功能数据显示等
5	MESS-AGE	报警信息显示键	显示 NC 报警信息
6	CUSTOM GRAPH	图形显示键	显示刀具轨迹等图形

表 6-5　FANUC 0i Mate-MC 数控系统编辑面板其他按键名称及用途

序号	按键符号	按键名称	用途
1	RESET	复位键	用于使所有操作停止或解除报警、CNC 复位
2	HELP	帮助键	提供与系统相关的帮助信息
3	DELETE	删除键	在"EDIT"模式下，删除已输入的字及在 CNC 中存在的程序

续表

序号	按键符号	按键名称	用　途
4	INPUT	输入键	加工参数等数值的输入
5	CAN	取消键	清除输入缓冲器中的文字或符号
6	INSERT	插入键	在"EDIT"模式下，在光标后输入字符
7	ALTER	替换键	在"EDIT"模式下，替换光标所在位置的字符
8	SHIFT	上档键	用于输入处于上档位置的字符
9	程序编辑键	程序编辑键	用于 NC 程序的输入
10	光标移动键	光标移动键	用于改变光标在程序中的位置
11	PAGE	光标翻页键	向上或向下翻页

（三）控制面板

FANUC 0i Mate-MC 数控系统的控制面板通常位于 CRT 显示区的下侧（见图 6-10），各按键（旋钮）名称及功能见表 6-6。

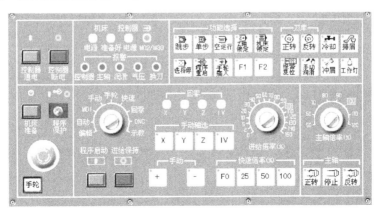

图 6-10　FANUC 0i Mate-MC 数控系统的控制面板

表 6-6　FANUC 0i Mate-MC 数控系统控制面板各按键名称及功能

按钮	名称	功 能 说 明
	单步	此按钮被按下后,运行程序时每次执行一条数控指令
	跳步	此按钮被按下后,数控程序中的注释符号"/"有效
	Z 轴锁定	锁定 Z 轴
	机床锁定	锁定机床
	选择停	按下该按钮,"M01"代码有效
	空运行	按下该按钮将进入空运行状态
	程序启动	程序运行开始;系统处于"自动运行"或"MDI"位置时按下有效,其余模式下使用无效
	进给保持	程序运行暂停,在程序运行过程中,按下此按钮运行暂停
	主轴倍率	调节主轴转速倍率
	进给倍率修调	调节运行时的进给速度倍率

按钮	名称	功 能 说 明
快速倍率(%) F0 25 50 100	快速倍率	调节快速进给倍率
手动轴选 X Y Z IV	手动轴选择	在手动时选择轴
手动 + −	手动轴方向选择	在手动时选择轴的正反方向
方式选择旋钮	编辑	进入编辑模式,用于直接通过操作面板输入数控程序和编辑程序
	自动	进入自动加工模式
手动 手轮 快速 MDI 回零 自动 DNC 编辑 示教	MDI	进入 MDI 模式,手动输入并执行指令
	手动	手动方式,连续移动
	手轮	手轮移动方式
	快速	手动快速模式
	回零	回零模式
	DNC	进入 DNC 模式,输入输出资料
	示教	用于调试检查程序
	急停按钮	按下急停按钮,使机床移动立即停止,并且所有的输出如主轴的转动等都会关闭
主轴 正转 停止 反转	主轴控制按钮	控制主轴的正反转和停止
控制器 通电	电源开	开电源

按钮	名称	功能说明
	电源关	关电源

二、数控铣床操作

(一)开机及回零

1. 开机

打开机床总电源—按 系统电源 打开键,直至 CRT 显示屏出现 "NOT READY" 提示后—旋开急停旋钮,当 "NOT READY" 提示消失后,开机成功。

注意:在开机前,应先检查机床润滑油是否充足,电源柜门是否关好,操作面板各按键是否处于正常位置,否则将可能影响机床正常开机。

2. 机床回参考点

一般数控机床开机后要有回零操作,将操作模式选择旋钮置于"回零"模式—将进给倍率旋钮旋至最大倍率150%,快速倍率旋钮置于最大倍率100%—依次按+Z、+X、+Y轴进给方向键(必须先按+Z键确保回参考点时不会使刀具撞上工件),待 CRT 显示屏中各轴机械坐标值均为零,同时回零指示灯亮,回参考点操作成功。

机床回参考点操作应注意以下几点。

① 当机床工作台或主轴当前位置接近机床参考点或处于超程状态时,此时应采用手动方式,将机床工作台或主轴移至各轴行程中间位置,否则无法完成回参考点操作。

② 机床正在执行回参考点动作时,不允许旋动模式选择旋钮,否则回参考点操作失败。

③ 回参考点操作完成后,将模式选择旋钮旋到"手动"模式—依次按住各轴选择键 —X 、 —Y 、 —Z ,给机床回退约100mm的距离。

3. 关机

按下急停旋钮—关闭 系统电源 —关闭机床总电源,关机成功。

注意:关机后应立即进行加工现场及机床的清理与保养。

(二)手动模式操作

手动模式操作主要包括手动移动刀具、手动控制主轴及手动开关冷却液等。

1. 手动移动刀具

将模式选择旋钮旋到"手动"模式—分别按住各轴选择键 +Z 、 +X 、 +Y 、 —X 、 —Y 、 —Z 即可使机床向选定轴方向连续进给,若同时按 快速移动 键,则可快速进给——通过调节进给倍率旋钮、快速倍率旋钮,可控制进给、快速进给移动的速度。

2. 手动控制主轴

将模式选择旋钮旋到"手动"模式—按主轴 正转 键,此时主轴按系统指定的速度顺时针转动;若按主轴 反转 键,主轴则按系统指定的速度逆时针转动;按主轴 停止 键,主轴停止转动。

注意：若机床当前转速为零，将无法通过手动方式启动主轴，此时必须进入 MDI 模式，通过手动数据输入方式启动主轴。

3. 手动开关冷却液

将模式选择旋钮旋到"手动"模式—按 冷却 键，此时冷却液打开，若再一次按该键，冷却液关闭。

（三）手轮模式操作

将模式选择旋钮旋到"手轮"模式—通过手轮上的轴向选择旋钮可选择轴向运动——顺时针转动手轮脉冲器，轴正移，反之，则轴负移——通过选择脉动量 ×1、×10、×100（分别是 0.001mm/格、0.01mm/格、0.1mm/格）来确定进给速度。

手轮构造如图 6-11 所示。

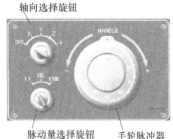

图 6-11　手轮构造图

（四）手动数据输入模式（MDI 模式）

将模式选择旋钮旋到"MDI"模式——按编辑面板上的 PROG 键，选择程序屏幕——按 CRT 显示区的 MDI 功能软键，系统会自动加入程序号 O0000——输入 NC 程序，将光标移到程序首段，按 程序启动 键运行程序。MDI 模式一般只可运行较短程序。

（五）程序编辑

1. 创建新程序

将模式选择旋钮旋到"编辑"模式——将程序保护锁调到"1"状态下——按 PROG 键——按 LIB 功能软键，进入程序列表画面——输入新程序名（如 O0001）——按 INSERT 键，完成新程序创建并进入编辑界面。

2. 打开程序

将模式选择旋钮旋到"编辑"模式——将程序保护锁调到"1"状态下——按 PROG 键——按 LIB 功能软键进入程序列表画面——输入要打开的程序名（如 O0002），按 ↓ 光标键，即可完成 NC 程序打开操作。

3. 编辑程序

编辑程序主要包括字的插入、字的替换、字的删除、字的检索、删除程序及程序复位。

（1）字的插入

① 使用光标移动键，将光标移至要插入程序字的前一位字符上。

② 键入要插入的程序字，如 G17，再按 INSERT 键。

光标所在的字符（G40）之后出现新插入的程序字（G17），同时光标移至该程序字上。

（2）字的替换

① 使用光标移动键，将光标移至要替换的程序字符上。

② 键入要替换的程序字，按 ALTER 键。

光标所在的字符被替换成新的字符，同时光标移到下一个字符上。

（3）字的删除

① 使用光标移动键，将光标移至要删除的程序字符上。

② 按 DELETE 键。

即完成字符的删除操作。

（4）字的检索

① 输入要检索的程序字符，例如，要检索 M09，则输入 M09。

② 按 ↓ 光标键，光标即定位在要检索的字符位置。

注意：按 ↓ 光标键，表示从光标所在位置开始向程序结束的方向检索；按 ↑ 光标键，表示从光标所在位置开始向程序开始的方向检索。

（5）删除程序

删除程序有以下两种操作。

① 删除单一程序文件：输入要删除的程序名（如 O10）—按 DELETE 键，即可删除程序文件（O10）。

② 删除内存中所有程序文件：输入 O-9999—按 DELETE 键，即删除内存中全部程序文件。

（6）程序复位

按 RESET 键，光标即可返回到程序首段。

（六）刀具补偿参数的设置

刀具补偿参数输入界面中各参数含义如下。

"番号"：对应于每一把刀具的刀具号。

"形状（H）"：表示刀具的长度补偿。

"磨耗（H）"：表示刀具在长度方向的磨损量。

刀具的实际长度补偿＝形状（H）＋磨耗（H）

"形状（D）"：表示刀具的半径补偿。

"磨耗（D）"：表示刀具的半径磨损量。

刀具的实际半径补偿＝形状（D）＋磨耗（D）

刀具输入补偿参数的操作：

① 按 OFFSET SETTING 键，进入刀具补偿参数输入界面。

② 将光标移至要输入参数的位置，键入参数值，按 INPUT 键，即完成刀具补偿参数的输入。

（七）空运行操作

FANUC 0i Mate-MC 数控系统提供了两种模式的程序空运行，即机床锁定空运行及机床空运行。

在完成刀具补偿参数的设置后，即可进行空运行操作。

1. 机床锁定空运行

机床锁定空运行就是系统在执行 NC 程序时，机床自身不运动，只在加工画面中显示程序运行过程或运行轨迹，常用来检查加工程序的正确性。相关的操作步骤如下：

① 在"编辑"或"自动"模式下打开要运行的程序；

② 将模式选择旋钮旋到"自动"模式—按 机床锁定 键（该键指示灯亮）—按 空运行 键（该键指示灯亮），使机床置于锁定的空运行状态；

③ 将"进给倍率"旋钮调至最小—按 单步 键，使机床置于单段模式下；

④ 按 程序启动 键，调整"进给倍率"旋钮，以单段方式空运行程序。

2. 机床空运行

机床空运行即在机床运动部件不锁定情况下，系统快速运行 NC 程序，主要用于检查刀具在加工过程中是否与夹具等发生干涉、工件坐标系设置是否正确等情况。

① 按 OFFSET SETTING 键—按 坐标系 功能软键，光标所示位置输入一数值（如50.0），将工件坐标系移至一定高度。

② 在"编辑"或"自动"模式下打开要运行的程序。

③ 将模式选择旋钮旋到"自动"模式—按 空运行 键（该键指示灯亮），使机床置于无锁定的空运行状态。

④ 将"进给倍率"旋钮调至最小—按 单步 键，使机床置于单段模式下。

⑤ 按 程序启动 键，调整"进给倍率"旋钮，以单段方式空运行程序，检查程序编制的合理性。

如确认程序无误，也可在连续模式下空运行程序。

注意：空运行结束后，应立即取消机床空运行，并进行工件坐标系复位，为后续程序自动运行做准备。

（八）程序自动运行

在确定程序正确、合理后，将机床置于自动加工模式，实施零件首件加工，相关操作步骤如下：

① 在"编辑"或"自动"模式下打开要运行的程序；

② 将模式选择旋钮旋到"自动"模式，使机床置于正常的自动加工状态；

③ 将"进给倍率"旋钮调至最小—按 单步 键，使机床置于单段模式下；

④ 按 程序启动 键，调整"进给倍率"旋钮，以单段方式空运行程序。

如确认程序无误，也可在连续模式下空运行程序。

特别注意：在对零件正式加工前，一定要确认机床空运行是否取消，刀具补偿参数是否正确，经检查无误后方可加工。

三、数控铣对刀操作

（一）数控铣对刀原理及方法

1. 对刀原理

这里所说的对刀就是通过一定方法找出工件原点相对于机床原点的坐标值，一般工件原点在工件上表面中心，对刀就是确定工件表面中心相对于机械原点的偏置值。

2. 对刀方法

一般情况下，数控铣/加工中心对刀包括 X、Y 向对刀（平面找中心设偏置值）及 Z 向对刀（确定高度偏置值）两方面内容。

（1）X、Y 向对刀

1）当工件原点与方形坯料对称中心重合

① X 向对刀过程：如图 6-12 所示，让刀具或找正器缓慢靠近并接触工件侧边 A，记录此时的机床坐标值 X_1；再用相同的方法使对刀器接触工件侧边 B，记录此时的机床坐标值 X_2；通过公式 $X=(X_1+X_2)/2$ 计算出工件原点相对机床原点在 X 向的坐标值。

② Y 向对刀过程：重复上述步骤，最终找出工件原点相对机床原点在 Y 向的坐标值。

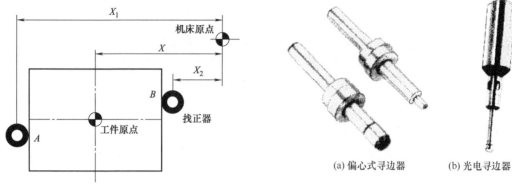

图 6-12　工件原点与对称中心重合时
的 X 向对刀示意图

图 6-13　常用的寻边器

(a) 偏心式寻边器　　(b) 光电寻边器

在进行对刀操作时，必须根据工件加工精度要求，来选择合适的对刀工具。

① 对于精度要求不高的工件，常用立铣刀代替找正器以试切工件之方式找出工件原点相对机床原点的坐标值 X、Y。

② 对于精度要求很高的工件，常用寻边器（见图 6-13）找出工件原点相对机床原点的坐标值 X、Y。

2）工件原点与圆形结构回转中心重合

① 用定心锥轴对刀，如图 6-14 所示。根据孔径大小选用相应的定心锥轴，使锥轴逐渐靠近基准孔的中心，通过调整锥轴位置，使其能在孔中上下轻松移动，记下此时机床坐标系中的 X、Y 坐标值，即为工件原点的位置坐标。

② 用百分表对刀，如图 6-15 所示，用磁性表座将百分表粘在机床主轴端面上，通过手动操作，将百分表测头接近工件圆孔，继续调整百分表位置，直到表测头旋转一周时，其指针的跳动量在允许的找正误差内（如 0.02mm），记下此时机床坐标系中的 X、Y 坐标值，即为工件原点的位置坐标。

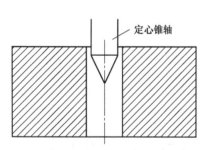

图 6-14　利用定心锥轴对刀

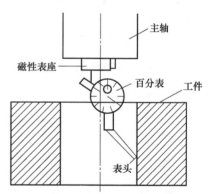

图 6-15　利用百分表对刀

（2）Z 向对刀

不同形状的工件，其工件坐标系的 Z 向零点位置可能有不同的选择。有的工件需要将 Z 向零点选择在工件上表面，也有的工件需要选择机床工作台面作为 Z 向零点位置。通过 Z 向对刀操作，实现 Z 向零点的设定。Z 向对刀操作有两种方法，一种方法是用刀具端刃直接轻碰工件，另一种方法是利用 Z 向设定器（见图 6-16）精确设定 Z 向零点位置。现仅介绍用 Z 向设定器将 Z 向零点设定在工件上表面的操作方法。如图 6-17 所示，Z 向设定器的标

  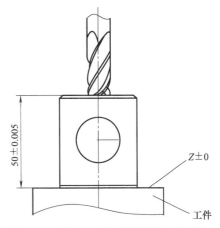

图 6-16　Z 向设定器　　　　　图 6-17　利用 Z 向设定器进行 Z 向对刀

准高度为 50mm，将设定器放置在工件上表面，当刀具端刃与设定器接触致指示灯亮时，此时刀具在机床坐标系中的 Z 坐标值减去 50mm 后即为工件原点相对机床原点的 Z 向坐标值。

（二）数控铣试切对刀操作示例

以图 6-6 为例，将工件原点设置在工件上表面中心，操作步骤如下。

1. X 向对刀

安装 ϕ10 立铣刀，在手轮方式旋转主轴，并使铣刀轻接触工件左边，按 POS（位置）键显示坐标位置，按相对坐标软键显示相对坐标，输入 X，按归零软键清零，抬刀移到工件右边并接触工件，读相对坐标值并除以 2，得工件中心 X 相对坐标，将铣刀移动到工件 X 向中心，按 OFFSET SETTING（刀补）键并按坐标系软键，选择 G54 坐标，将光标移动到 X 处，输入 X0 并按测量软键，系统自动 计算 X 偏置值，X 向对刀完成。

2. Y 向对刀

用同样方法找出 Y 方向中心位置，并进行测量，计算偏置值，完成 Y 向对刀。

3. Z 向对刀

将铣刀旋转并轻触工件上表面，按 OFFSET SETTING 键并点击坐标系软键，选择 G54 坐标，将光标移动到 Z 处，输入 Z0 并按测量软键，系统自动计算 Z 偏置值，Z 向对刀完成。

4. 检测工件坐标系原点位置是否正确的操作

在生产过程中，通常用 MDI（MDA）方式来检测所设定的工件坐标系原点位置是否正确，其操作步骤如下。

① 将系统置于 MDI 或 MDA 模式，并进入相应的编程界面。

② 输入下列程序：

M03S500

G54G90G0X0Y0

Z20

③ 按 程序启动 运行键，调节机床进给倍率，安全可靠地运行上述程序段，观察刀具是否运行到工件坐标系原点上方 20mm 处，若位置不对则重新进行对刀操作。

5. 编辑输入程序

选择工作方式"编辑"—显示程序 PROG —输入 O××××（××××为程序号，为

0~9）—按插入键即 |Insert| 键，即可进入编辑界面，可编辑、修改程序。

手动输入铣方形程序

O0001

G54

G00X0Y0Z50

M03S800

Z5

X－20Y－40

G01Z－3F100

Y－30F200G41D01

Y20

X20

Y－20

X－30

G00Z50

X0Y0G40

M05

M30

％

6．自动运行

（1）调用当前程序自动加工

工作方式旋至"编辑"，在显示程序界面，按复位键使光标到程序开始，工作方式旋至"自动"—按 |程序启动| 键即可进行自动加工。

（2）调用已存有的程序加工

工作方式旋至"编辑"—按 |PROG| 键—按软键 |LTB| 查看程序目录。

调出需编辑或要加工程序：在编辑状态输入程序名 O××××，按 |O检索| 软键，即可调出程序，可进行编辑，工作方式旋至"自动"—按 |程序启动| 键即可进行自动加工。

7．测量工件

按任务图用游标卡尺测量长、宽尺寸，用深度游标卡尺测量深度。

数控铣床操作思考与练习：

1．如何开机和进行机械回零（回参考点）？

2．怎样显示工件坐标、机床坐标和相对坐标，三种坐标分别在何种场合使用？

3．回零结束时，机床坐标值是多少？

4．如何建立一个程序号为 O9001 的新程序和编辑输入程序，又如何把程序删除？

5．如何安装铣刀？

6．如何输入刀具半径补偿值？

7．如何对刀测量？

8．如何查看系统内部存有哪些加工程序？

9．如何调用其中的一个程序进行加工？

10．如何测量工件长度、宽度和深度尺寸？

11. 如何调节主轴转速、切削进给速度和快速进给速度？

12. 如何使用录入方式使主轴以 800r/min 的速度正转？

13. 急停键有何作用，怎样急停和解除？

14. 分别用手动和手轮方式进行前后、左右、上下移动。

任务3　直线外轮廓工件的铣削加工

任务目标

了解数控铣床坐标系和坐标值确定，掌握数控铣削加工的基本指令和简单工件的编程和加工方法。

任务要求

选择刀具并编程精加工图 6-18 六边形工件（已粗加工完毕，编写外圆精加工程序）：

① 列出下图各点的坐标；

② 选定起刀点位置并画出加工路线；

③ 编制数控铣削程序及加工。

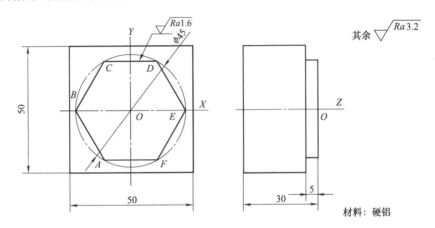

图 6-18　定坐标及编程铣削

任务分析

工件为正六边形，要进行简单三角函数计算，然后确定各点坐标，确定下刀点、走刀路线及编程，了解刀具补偿的应用。

相关知识

一、工装准备

（一）工件毛坯

1. 材料

落料模和冲孔模具工作零件在进行冷冲压工作中直接成型或使工件改变形状，不但承受压力还要承受拉力和较强的摩擦，而且是在压力和拉力交变反复作用下工作的。因此，要求工作零件具有一定的耐磨性、强度、硬度、韧性和抗疲劳性。通常使用碳素工具钢和合金模具钢，如 T10A、9SiCr、Cr12 等，Cr12 和 Cr12MoV 为典型的冷作模具钢。

2. 毛坯种类

模具质量要求较高时，采用锻造毛坯有着更好的性能，但加工成本较高；当工件较大，而承受冲击不大时，可采用铸件毛坯；生产量不大，性能要求不高时，可直接使用型材。

（二）刀具、量具准备

1. 刀具

面铣刀　用于铣削工件上较大的面。

立铣刀　用于铣削内外轮廓。

2. 量具

直角尺　用于测量工件装夹垂直度。

百分表　用于调整台钳安装方位，调整工件安装的平直度。

游标卡尺　用于测量工件直径和长度，测量精度较低。

千分卡尺　用于测量工件直径和长度，测量精度较高。

二、数控铣程序示例

在了解数控编程知识之前，先以一个简单的数控铣削程序进行示例。

例 6-1　编制图 6-19 所示工件的数控铣削加工程序。

步骤：① 制定铣削路线，从左下角顺时针铣削。

② 确定工件坐标系原点。

以工件上表面中心为工件原点，此点的工件坐标为

$X=0\ Y=0\ Z=0$

列出四边形各个角的坐标

左下角（$X-40$，$Y-30$，$Z0$）

左上角（$X-40$，$Y30$，$Z0$）

右上角（$X40$，$Y30$，$Z0$）

右下角（$X40$，$Y-30$，$Z0$）

③ 编制加工程序如下。

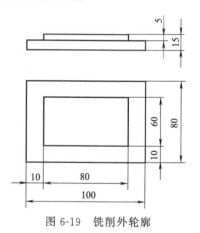

图 6-19　铣削外轮廓

O0001	程序号
G54	选择 G54 工件坐标系
G00X0Y0Z50	定位到起刀点（检查实际位置是否正确）
M03S800	主轴正转，800r/min
X-40Y-70	到左下角偏下位置（有提前量）
Z5	下刀靠近工件表面
G01Z-5F100	下刀至深度 5mm
Y-30G41D01	走刀至左下角并加刀补
Y30F200	至左上角
X40	至右上角
Y-30	至右下角
X-70	至左下角（多往左一点）
G00Z50	抬刀至起刀点高度

X0Y0G40	回起刀点并取消刀补
M05	主轴停
M30	程序结束并返回程序开始
%	程序结尾符号

三、数控铣床的坐标系统

三个坐标方向 X、Y、Z 如图 6-20 所示。

数控机床的 X、Y、Z 的关系为右手笛卡儿坐标方向，如图 6-21 所示，其中 X、Y、Z 为平移坐标，A、B、C 分别为绕 X、Y、Z 轴的旋转坐标。

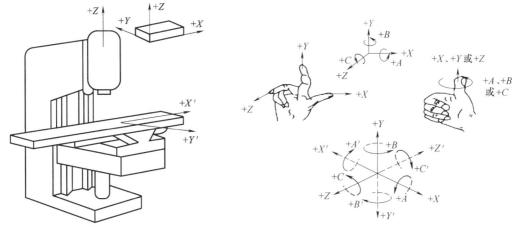

图 6-20　数控铣床的三个坐标　　　　图 6-21　右手笛卡儿坐标系
　　　方向 X、Y、Z

注意：X、Y、Z 为刀具运动的方向，X'、Y'、Z' 为工件运动的方向，两者方向相反，编程时以刀具运动方向作为编程的坐标方向。

机床坐标系是以参考点（机械零点）为坐标原点的坐标系。

工件坐标系（即编程坐标系），一般以工件上（下）表面中心（对称形状），或其中一角为工件坐标系原点。

工件原点与机床原点的位置关系如图 6-22 所示。

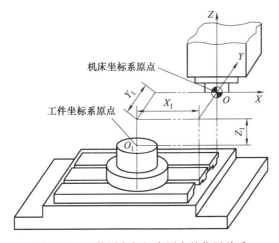

图 6-22　工件原点与机床原点的位置关系

如图 6-23 工件原点设在工件上表面中心时，各点的坐标为：

A $X-50$ $Y-40$ $Z0$ B $X-50$ $Y40$ $Z0$

C $X50$ $Y40$ $Z0$ D $X50$ $Y-40$ $Z0$

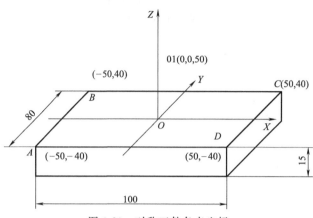

图 6-23 对称工件各点坐标

工件坐标系是编程人员在编程时相对于工件建立的坐标系。

在程序开头就要设置工件坐标系，大多的数控系统可用 G92 指令建立工件坐标系，或用 G54～G59 指令选择工件坐标系。

四、数控铣削程序结构 （基本同车床）

在此介绍 FANUC 0i Mate 系统编程。

每个程序的前 4 行和后 5 行基本一样：

程序前 4 行

O0001	程序号
G54	选择工件坐标 G54
G00X0Y0Z50	到起刀位置
M03S800	主轴正转，800r/min

程序后 5 行

G00Z50	快速抬刀
X0Y0	回起刀点
M05	主轴停
M30	程序结束并返回程序开始
％	程序结尾符号

五、常用编程指令 （M、G、F、S、T）

M03、M05、M30、G00、G01、G02、G03、F、S 同数控车床，G54、G41、G42、D01、G40 为常用轮廓铣削指令。

（一）G54 指令——工件坐标系选择指令

可选 6 个坐标：G54，G55，G56，G57，G58，G59（优先选 G54）。

G54 中的刀具偏置值在对刀时测量并自动记录显示。

例如 完成对刀后，机床面板的刀具偏置值屏幕显示为：

（01）	X300
G54	Z600
	Z-390

（二）回参考点指令 G28、G29（图 6-24）

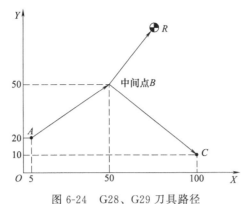

图 6-24　G28、G29 刀具路径

指令格式：

G28X—Y—Z—

X、Y、Z 为指定经过中间点坐标，路径为：当前点 A—中间点 B—参考点 R。

G29X—Y—Z—

X、Y、Z 为返回目标点坐标，路径为：参考点 R—中间点 B（G28 指定，系统自动记忆）—指定目标点 C（G29 指定）。

例：G28X0Y0Z100　表示刀具经（X0Y0Z100）位置自动回参考点。

G29X100Y10Z50　表示刀具从参考点经（X0Y0Z100）位置自动到指定目标点（X100Y10Z50）。

刀具经过的位置（X0Y0Z100）称中间点。

中间点的选择原则：避免碰撞。

注意：开机后手动机械回零后，G28、G29 才能执行，G28、G29 一般成对使用。

（三）暂停指令 G04

指令格式：G04　P—

P 为暂停时间，单位为 s（秒），暂停后重新自动运行。

如用 M00 暂停后需按 程序启动 键，才能继续运行。

（四）刀具半径补偿指令

1. 刀具补偿概念及指令

刀具半径补偿指根据按零件轮廓编制的程序和预先设定的偏置参数，数控装置能实时自动生成刀具中心轨迹的功能。

图 6-25（a）切外轮廓如无补偿，工件尺寸会比图纸小一个刀具直径，使用刀具半径补偿后，刀具往外偏一个半径，工件尺寸等于图纸尺寸。

图 6-25（b）切内轮廓如无补偿时，工件尺寸会比图纸小一个刀具直径，使用刀具半径补偿后，刀具往外偏一个半径，工件尺寸等于图纸尺寸。

G41——左刀补，刀具向前进方向左侧偏移，图 6-26（a）。

G42——右刀补，刀具向前进方向右侧偏移，图 6-26（b）。

G40——取消刀具补偿。

D01——补偿值存放地址（01 号）。

2. 刀具补偿的几个方面应用

① 自动补偿刀具半径。

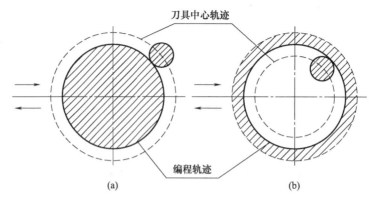

图 6-25　无刀补时的内外轮廓铣削

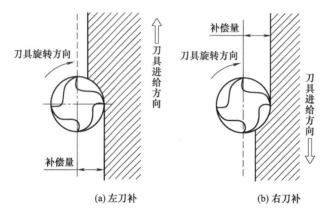

图 6-26　刀具补偿的方向

② 补偿刀具磨损。

③ 加大补偿量，预留精加工余量。

④ 改变补偿量以控制工件尺寸（即控制精度）。

3. 刀具半径补偿的工作过程

刀具半径补偿执行的过程一般可分为三步，如图 6-27 所示。

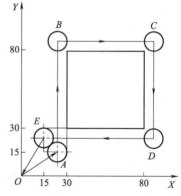

图 6-27　刀具半径补偿工作过程

（1）刀补建立

刀具从起刀点接近工件，并在原来编程轨迹基础上，刀具中心向左（G41）或向右（G42）偏移一个偏置量（见图 6-27 中的 *OA* 段），在该过程中不能进行零件加工。

（2）刀补进行

刀具中心轨迹（见图 6-27 中的带箭头细线）与编程轨迹（见图中的粗实线方形）始终偏离一个刀具偏置量的距离。

（3）刀补撤销

刀具撤离工件，使刀具中心轨迹终点与编程轨迹的终点（如起刀点）重合（见图 6-27 中的 *EO* 段），它是刀补建立的逆过程。同样，在该过程中不能进行零件加工。

使用刀具半径补偿注意事项：

① 建立与取消刀补只能在 G00 或 G01 方式下完成，并且刀具必须移动；

② 由左刀补改变为右刀补时，必须先取消刀补。

4. 常用铣刀及使用场合

面铣刀——用于铣削平面。

平底立铣刀——用于铣削内外轮廓及沟槽。

球铣刀——用于铣削曲面。

切削内外轮廓的刀具一般用平底立铣刀，切削深度和厚度最好在 5mm 以下，精加工余量留 0.2～0.5mm，视材料而定。

主轴转速：粗加工时较低，精加工时较高。

六、铣削加工路线的选择

① 先确定坐标原点，然后列出四边形各点坐标，定出加工路线，进行加工编程。

② 顺铣和逆铣。

顺铣即刀具和工件接触处两者线速度方向一致，反之为逆铣。顺铣加工质量好。外轮廓顺时针走刀为顺铣，内轮廓逆时针走刀为顺铣。

③ 切入切出路线如何选择。

切向切入和切出，如图 6-28 所示，否则可能有刀痕。

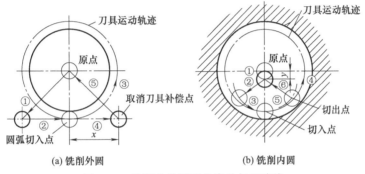

图 6-28　铣削内外圆弧轮廓的加工路线

例 6-2　选择刀具、制定走刀路线并编程精加工图 6-29 所示六边形工件（已粗加工完毕，编写外圆精加工程序）：

① 列出图 6-29 各点的坐标；

② 选定起刀点位置并列出加工路线；

③ 编制数控铣削程序及加工。

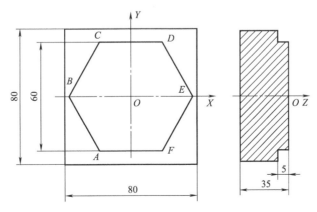

图 6-29　六边形工件

先计算边长（或外接半径）：

$$边长 = 30/(\sqrt{3}/2) = 30/0.866 = 34.64$$

① 各点坐标为

A：$X-17.32\ Y-30$　　　B：$X-34.64\ Y0$　C：$X-17.32\ Y30$

D：$X17.32\ Y30$　　E：$X34.64\ Y0$　F：$X17.32\ Y-30$

② 起刀点位置为 $X0\ Y0\ Z50$。

下刀位置为 A 点下方 1 点，平面坐标为 $X-17.32\ Y-50$。

抬刀位置为 A 点下方 2 点，平面坐标为 $X-50\ Y-30$。

加工路线为：O—A 点下方—下刀—A—B—C—D—E—F—A 点左方—抬刀—O

③ 加工程序如下。

O5001	
G54	选择 G54 工件坐标
G00X0Y0Z100	O
M03S1000	
X−17.32Y−50	1
Z5	快速下刀
G01Z−5F100	切削速度下刀
Y−30F200G41D01	A　建立刀补
X−34.64Y0	B
X−17.32Y30	C
X17.32	D
X34.64Y0	E
X17.32Y−30	F
X−50	2
G00Z100	快速抬刀
X0Y0G40	O 撤销刀补
M05	
M30	
%	

七、极坐标编程加工

编程时定义终点的坐标值除了直角坐标输入外，还可以用极坐标输入，即可通过指定其相对极点的极半径和极角对其进行定位，编程格式为：

G16X—Y—	开启极坐标功能
…	极坐标方式编程
G15	取消极坐标功能

说明如下。

① X 为极半径（工件原点到编程点的距离），Y 为极角度，原直角坐标 X 的正方向为零度角，逆时针为正，见图 6-30。

例　G01X50Y30。

X 后面的数值是极径值，表示极径为 50；Y 表示极

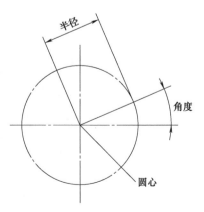

图 6-30　极坐标的三个基本特征

角为 30°，逆时针方向为角度的正方向，顺时针方向为角度的负方向。

② 工件坐标系的原点被设为极坐标系的原点，当使用局部坐标系（G52）时，局部坐标系的原点变成极坐标系的原点。

③ 极径和极角的值与是绝对值方式（G90）还是增量值方式（G91）有关，也可以将绝对值方式和增量值方式混合使用。

④ 在绝对值方式（G90）下，极径的起点是坐标系的原点，极角的起始边为原直角坐标的正 X 轴［见图 6-31（a）］。

⑤ 在增量值方式（G91）下，当前位置指定为极坐标系的原点，极径为当前刀具位置到编程指定位置的距离，极角以上一次编程走刀方向为零度角，逆时针旋转到指定位置的角度为极角，如图 6-31（b）所示。

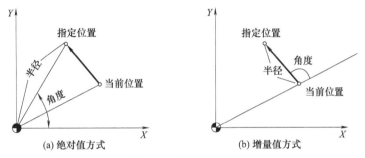

图 6-31　极坐标编程

例 6-3　用极坐标方式编制图 6-32 五边形外轮廓的加工程序。

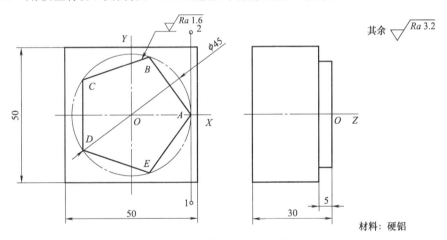

图 6-32　五边形极坐标编程

加工路线为：O—1—A—B—C—D—E—A—2—O

极坐标：X 极径，Y 角度。

五边形各点的极坐标为：

A（X22.5　Y0）　　　　B（X22.5　Y72）　　　C（X22.5　Y144）

D（X22.5　Y−144）　　E（X22.5　Y−72）

1 点的直角坐标为 X22.5 Y−40

2 点的直角坐标为 X22.5 Y40

加工程序如下。

O0016

```
G54
G00X0Y0Z50
M03S1000
Z5
X22.5Y－40                           到 1 点
G01Z－5F100                         下刀到所需深度
Y0F200G42D01                        到 A 点及建立刀补
G16                                 开启极坐标功能
X22.5Y72                            到 B 点
Y144                               到 C 点
Y－144                             到 D 点
Y－72                              到 E 点
Y0                                到 A 点
G15                               取消极坐标功能
Y40                               到 2 点
G00Z50
X0Y0G40
M05
M30
%
```

任务4　带圆弧工件内外轮廓铣削加工

任务目标

学习圆弧轮廓编程，掌握数控铣床内轮廓铣削下刀方法。

任务要求

选择刀具并编程铣削图 6-33 所示工件（50×50×30 方形毛坯）：
① 画出加工路线并给出各点坐标；
② 确定外轮廓和内轮廓铣削下刀方法；
③ 编制数控铣削程序及加工。

任务分析

掌握数控铣圆弧和整圆的编程方法，工件要进行内外轮廓的铣削加工，确定下刀点，内槽可采用螺旋下刀方法，走刀路线采用顺铣加工，注意程序编辑时刀具补偿的正确建立和撤销；粗、精加工时通过修改刀具补偿值来清除残料和控制精度。

相关知识

一、圆弧插补指令 G02、G03

指令格式：G02（或 G03）X—Y—Z—R—（或 I—J—K—）F—

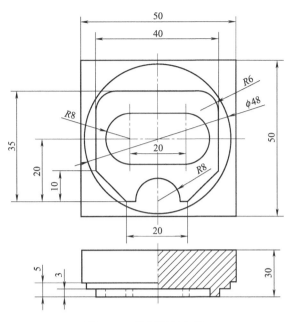

图 6-33　铣削圆弧和槽

G02、G03 按指定进给速度进行圆弧切削，G02 为顺时针圆弧插补，G03 为逆时针圆弧插补。

X、Y、Z 为终点坐标。

I、J、K 分别为圆心点相对于圆弧起点在 X、Y、Z 轴向的增量值：

$$I＝X_{圆心}－X_{起点} \qquad J＝Y_{圆心}－Y_{起点} \qquad K＝Z_{圆心}－Z_{起点}$$

R 为圆弧半径，圆弧＜180°，用"＋R"，称劣弧，见图 6-34 a 圆弧，起点—终点程序为 G02X0Y30R30；圆弧＞180°，用"－R"，称优弧，见图 6-34 b 圆弧，起点—终点程序为 G02X0Y30R－30。

整圆编程只能用 I、J，不能用 R。

平面整圆编程只用 I、J，见图 6-35，以 A 为起点—终点程序为 G03X30Y0I－30J0，可简化为 G03I－30，起点与终点重合时可省略坐标，增量为 0 时可省略，以 B 为起点—终点程序为 G03J30。

I、J、K 的值总是以增量方式表示。

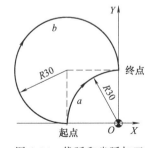

图 6-34　优弧和劣弧加工

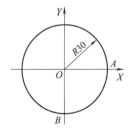

图 6-35　整圆铣削加工

二、圆弧及凹槽铣削编程举例

例 6-4　精铣图 6-36（a）工件内轮廓，刀具直径为 8mm。

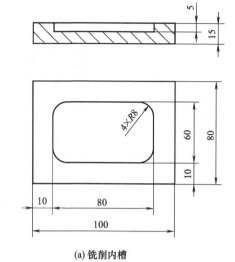

(a) 铣削内槽

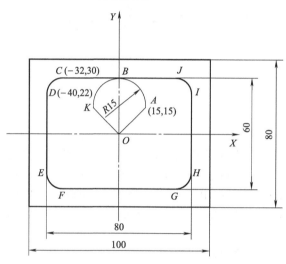

(b) 加工路线和各点坐标

图 6-36　带圆弧内槽的加工

加工路线为 $O—A—B—C—D—E—F—G—H—I—J—K—O$，见图 6-36（b）。

加工程序如下。

O0002	程序号
G54	选择 G54 工件坐标系
G00X0Y0Z50	快速定位到起刀点
M03S800	主轴正转，800r/min
Z5	下刀靠近工件表面
X15Y15G41D01	水平移动至 A 点并加刀补
G01Z0F80	下刀至工件表面
G03X0Y30R15Z－5F100	螺旋下刀至 5mm 深度　B 点
G01X－32	C 点
G03X－40Y22R8	D 点
G01Y－22	E 点

G03X－32Y－30R8	F 点
G01X32	G 点
G03X40Y－22R8	H 点
G01Y22	I 点
G03X32Y30R8	J 点
G01X0	B 点
G03X－15Y15R15Z0	螺旋式抬刀至工件表面
G00Z50	快速抬刀
X0Y0G40	回起刀点并取消刀补
M05	主轴停
M30	程序结束并返回程序头
％	程序结束符

例 6-5 编辑图 6-37 整圆凸台的精加工程序，铣削深度为 5mm。

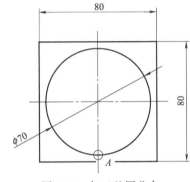

图 6-37 加工整圆凸台

加工程序如下。

O0003	
G54	
G00X0Y0Z50	
M03S800	
Z5	
X50Y－35G41D01	移刀至右下角
G01Z－5F100	下刀至 5mm 深度
X0F200	走刀至下方与圆相切处（A 点）
G02J35	铣整圆
G01X－50	切向铣出
G00Z50	快速抬刀
X0Y0G40	回原点并取消刀补
M05	
M30	
％	

三、倒角及倒圆弧指令

数控编程时两相交线段进行倒角和倒圆时，可使用在第一线段插补程序段加入倒角指令

",C"或",R"。如图6-38（a）所示，从 A 点加工直线段和倒角到 C 点，设 B 点坐标为 X20Y30，C 点坐标为 X20Y−10，倒角长度 C＝5mm，则铣削程序段为：

G01X20Y−10,C5

X20Y−10

如图6-38（b）所示，从 A 点加工直线段和倒角到 C 点，设 B 点坐标为 X20Y30，C 点坐标为 X20Y−10，倒圆半径 R＝6mm，则铣削程序段为：

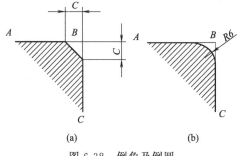

G01X20Y−10,R6

X20Y−10

倒角和倒圆指令不仅适用于直角，还适用于其他任意角度；不仅适用于直线与直线相交，还适用于直线与圆弧相交、圆弧与直线相交、圆弧与圆弧相交。

图6-38　倒角及倒圆

例 6-6　图6-39外轮廓的铣削加工程序为：

O0001

G54

G00X0Y0Z50

M03S800

X−50Y−80

Z5

G01Z−5F100

G01Y−40F200G41D01

Y40,C8

X50,R10

Y−40,R10

X−30,C8

Y65

G00Z50

X0Y0G40

M05

M30

％

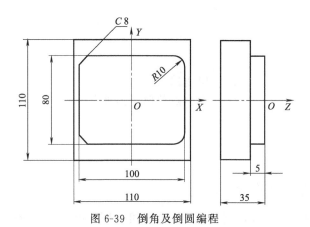

图6-39　倒角及倒圆编程

任务5　钻孔及铰孔

任务目标

了解孔加工工艺，学习孔加工编程。

任务要求

选择钻孔刀具，制定孔加工工艺，对图 6-40 中的工件编程加工中心孔、钻孔、扩孔、钻螺纹底孔和攻螺纹。

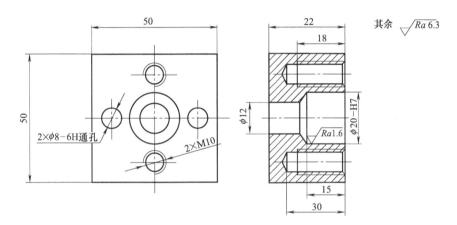

图 6-40　钻孔及铰孔

任务分析

孔加工前，要先加工出中心孔，加工螺纹孔前，必须先计算底孔直径，加工底孔后再攻螺纹，较大的孔加工时采用先钻小孔后扩孔的方法，高精度的孔先钻孔后铰孔。

相关知识

一、孔加工类型及刀具

常用的孔加工类型有钻中心孔、钻孔、扩孔、铰孔、镗孔、攻螺纹等。

（一）钻孔及扩孔

1. 钻中心孔

为了使钻头能准确定位和避免钻头打滑产生弯曲或折断，钻孔前一般先要钻中心孔，钻孔的深度和直径一般为 3～5mm，中心钻的结构如图 6-41 所示。

2. 钻孔

钻孔是在实体材料上加工出孔，也可作为扩孔、铰孔前的粗加工或加工螺纹底孔等。钻孔的刀具为麻花钻。

图 6-41　中心钻

麻花钻的结构如图 6-42 所示。麻花钻由工作部分、颈部和柄部组成。工作部分包括切削部分和导向部分，前者起切削作用，后者起导向、修光和排屑作用。柄部有莫氏锥度（较

大的钻头）和圆柱柄（较小的钻头）两
种。刀具材料常用高速钢和硬质合金。

3. 扩孔

孔径小于 $\phi 30$ 时，可直接钻出，当孔
径大于 $\phi 30$ 时，一般先钻出小孔，再用扩
孔钻进行扩孔，先钻后扩可减少切削受力
及提高孔的表面质量。

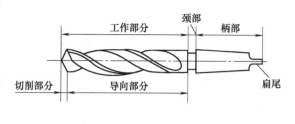

图 6-42　麻花钻

（二）铰孔及镗孔

1. 铰孔

如果孔的精度要求较高，可用先钻底
孔，再铰孔达到要求尺寸，铰孔的加工精
度一般为 IT9～IT6，表面粗糙度 Ra 为 0.4～1.6μm。铰刀结构如图 6-43 所示，由工作部
分、颈部和柄部三部分组成。工作部分包括切削部分和校准部分。切削部分为锥形，担负主
要切削任务；校准部分包括圆柱和倒锥部分，圆柱部分主要起导向、孔的校准和修光作用；
倒锥部分可减少铰刀与孔壁的摩擦，防止孔径扩大。

2. 镗孔

镗孔是用镗刀对已有的孔进行进一步加工。镗孔精度一般为 IT9～IT7，表面粗糙度 Ra
为 0.8～1.6μm，常用的镗刀有单刃镗刀、双刃镗刀，如图 6-44 所示。

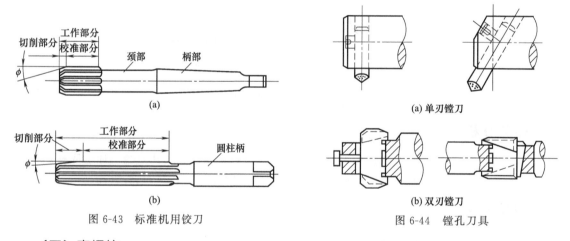

图 6-43　标准机用铰刀

图 6-44　镗孔刀具

（三）攻螺纹

攻螺纹是螺纹孔的加工方法，攻螺纹前要先钻出螺纹底孔，再用丝锥攻出内螺纹，机用
丝锥的结构如图 6-45 所示，由工作部分和柄部组成。工作部分由切削部分和校准部分组成，

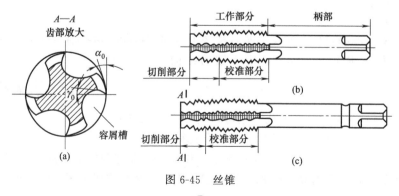

图 6-45　丝锥

切削部分前端磨出切削锥角，使切削负荷分布在几个刀齿上，切削省力。校准部分带有倒锥，可减少与孔径的摩擦以减少螺纹孔的扩张量。

二、孔加工编程

孔加工固定循环指令有 G73、G76、G80、G81、G82、G83。

1. 孔加工的 6 个动作

孔加工通常由下述 6 个动作构成，如图 6-46 所示。

① X、Y 轴定位。

② 快速定位到 R 点，刀具下刀在 R 高度以上时，为快速进给；到达 R 高度及以下为切削进给。

③ 孔加工。

④ 在孔底的动作。

⑤ 退回到 R 点（参考高度），刀具抬刀在 R 高度以下时，为切削进给；到达 R 高度及以上为快速进给。

⑥ 快速返回到初始点。

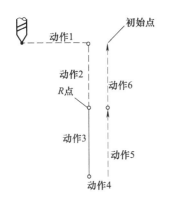

图 6-46　孔加工的 6 个动作

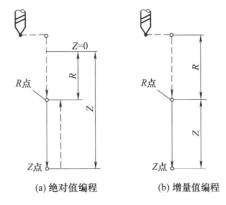

(a) 绝对值编程　　(b) 增量值编程

图 6-47　固定循环的数据表达

2. 固定循环的指令格式

G98 G—X—Y—Z—R—Q—P—F—

（或 G99 G—X—Y—Z—R—Q—P—F—）

G80

各符号含义如下。

G80——取消固定循环，加工后必须使用，否则有位移指令时，将会继续钻孔。

G98——返回初始平面。

G99——返回 R 平面。

X、Y——孔的平面位置。

Z——孔深（绝对编程时为孔底 Z 绝对坐标，增量编程时为孔底相对于 R 位置的 Z 增量），如图 6-47（a）所示。

R——参考高度（快进转工进的高度，绝对编程时为 R 高度处 Z 绝对坐标，增量编程时为 R 相对于起点高度的增量），如图 6-47（b）所示。

Q——每次钻深。

P——孔底停留时间（s）。

F——钻孔进给速度。

3. 常用孔加工循环指令

（1）钻孔循环（钻中心孔）指令 G81（图 6-48）

用于钻较浅的孔或钻中心孔、铰孔。

指令格式：G98 G81 X—Y—Z—R—F—

     （或 G99）

X、Y 为孔的平面位置，Z 为孔深，R 为参考高度，F 为钻孔进给速度。

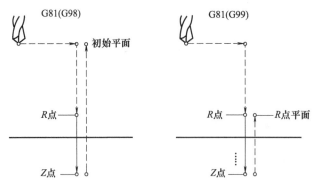

图 6-48　钻孔循环

（2）带停顿的钻孔循环指令 G82（图 6-49）

当钻孔为盲孔，须修光孔壁及孔底时，使用 G82 指令。

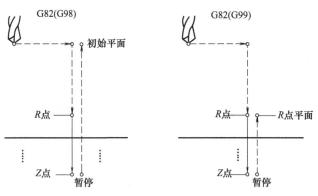

图 6-49　带停顿的钻孔循环

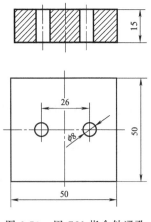

图 6-50　用 G81 指令钻通孔

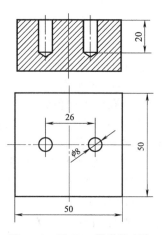

图 6-51　用 G82 指令钻盲孔

指令格式：G98 G82X—Y—Z—R—P—F—

       （或 G99）

X、Y 为孔的平面位置，Z 为孔深，R 为参考高度，F 为钻孔进给速度，P 为孔底停留时间（s）。

例 6-7 用循环指令编制钻孔程序。

① 编制图 6-50 和图 6-51 钻中心孔程序。

② 编制图 6-50 通孔和图 6-51 盲孔的钻孔程序。

程序如下。

① 用 $\phi 5$ 中心钻加工图 6-50 和图 6-51 中心孔。

O0080	程序号
G54	
G00X0Y0Z50	
M03S600	
G99G81X−13Y0Z−5R5F100	加工左孔，返回到 R 高度（5mm）
G98X13	加工右孔，返回到起始高度（50mm）
G80	取消钻孔循环
X0Y0	
M05	
M30	
％	

② 用 $\phi 8$ 钻头钻图 6-50 通孔。

O0081	程序号
G54	
G00X0Y0Z50	
M03S600	
G99G81X−13Y0Z−17R5F100	加工左孔，返回到 R 高度（5mm）
G98X13	加工右孔，返回到起始高度（50mm）
G80	取消钻孔循环
X0Y0	
M05	
M30	
％	

③ 用 $\phi 8$ 钻头钻图 6-51 盲孔。

O0082	程序号
G54	
G00X0Y0Z50	
M03S600	
G99G82X−13Y0Z−20R5P2F100	加工左孔，返回到 R 高度（5mm）
G98X13	加工右孔，返回到起始高度（50mm）
G80	取消钻孔循环
X0Y0	
M05	
M30	
％	

（3）深孔钻循环指令 G73（图 6-52）

当孔深与孔径之比大于 3 时，采用间歇钻孔方式钻孔，即钻下一段深度进行抬刀，再钻下一个深度，抬刀不高出孔口，断屑不排屑，与 G83 相比较，可减少钻孔时间。

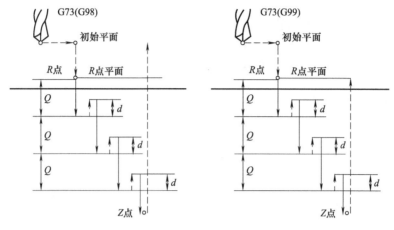

循环G73(G98示意图)　　　　　循环G73(G99示意图)

图 6-52　深孔钻循环 G73

d—每次抬起高度（由参数设定）

指令格式：G98 G73 X—Y—Z—R—Q—P—F—

　　　　　（或 G99）

Q——每次钻深。

例 6-8　使用 G73 指令编制图 6-53 所示深孔加工程序，设刀具起点在工件中心距工件上表面 50mm，在距工件上表面 5mm 处（R 点）由快进转换为工进，每次进给深度 10mm，每次退刀距离 5mm。

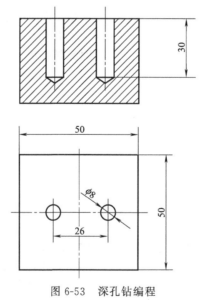

图 6-53　深孔钻编程

深孔的加工程序如下。

O0073　　　　　　　　　　　　　　　　　程序号

G54

G00X0Y0Z50

M03S600

G99G73X−13Y0Z−30R5P2Q10F100　　加工左孔，返回到 R 高度（5mm）

G98X13　　　　　　　　　　　　　加工右孔，返回到起始高度（50mm）

G80　　　　　　　　　　　　　　　取消钻孔循环

X0Y0

M05

M30

%

（4）深孔钻循环指令 G83

与 G73 指令相似，但抬刀高出孔口，断屑并排屑，与 G73 相比较，排屑更好，改善钻头受力及散热，如图 6-54。

指令格式：G98 G83 X—Y—Z—R—Q—P—F—

　　　　　（或 G99）

Q——每次钻深。

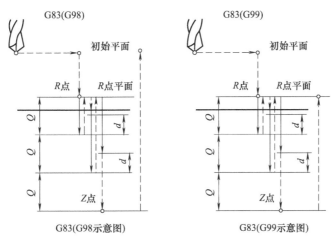

图 6-54　深孔钻循环 G83

d—每次抬起高度（由参数设定）

（5）螺纹孔的加工

反攻螺纹循环指令 G74。

指令格式：G98（G99）G74 X—Y—Z—R—P—F—

攻螺纹循环指令 G84。

指令格式：G98（G99）G84 X—Y—Z—R—P—F—

利用 G84 指令攻螺纹时，从 R 点到 Z 点主轴正转，G84 指令动作循环。在孔底暂停后，主轴反转，然后退回 R 高度，P 为暂停秒数。

$$F = N \times P$$

式中，N 为主轴转速，P 为螺距。

例 6-9　编程加工图 6-55 螺纹底孔和螺纹孔。

M8 为公称直径为 8mm 的粗牙螺纹。

查表得小径 $d_1 = 6.647$，取 6.8 底孔径。

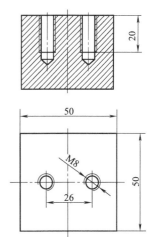

图 6-55　螺纹孔的加工

螺距 $P=1.25$。

定攻螺纹转速为 200r/min。

进给速度 $F=N\times P=200\times 1.25=250$

加工工艺路线为：钻中心孔—钻底孔（深 24mm）—攻螺纹（深 20mm）。

刀具为：ϕ5 中心钻、ϕ6.8 麻花钻、M8 丝锥。

加工程序如下。

① 用 ϕ5 中心钻加工图 6-55 中心孔。

O0080

G54

G00X0Y0Z50

M03S600

G99G81X－13Y0Z－5R5F100   加工左孔，返回到 R 高度（5mm）

G98X13   加工右孔，返回到起始高度（50mm）

G80   取消钻孔循环

X0Y0

M05

M30

％

② 用 ϕ6.8 钻头加工图 6-55 螺纹底孔。

O0082   程序号

G54

G00X0Y0Z50

M03S600

G99G82X－13Y0Z－24R5P2F100   加工左孔，返回到 R 高度（5mm）

G98X13   加工右孔，返回到起始高度（50mm）

G80   取消钻孔循环

X0Y0

M05

M30

％

③ 用 M8 丝锥加工图 6-55 内螺纹。

O0082   程序号

G54

G00X0Y0Z50

M03S200

G99G84X－13Y0Z－20R7P2F250   加工左孔，返回到 R 高度（7mm）

G98X－13   加工右孔，返回到起始高度（50mm）

G80   取消钻孔循环

X0Y0

M05

M30

％

任务6 落料模铣削加工及检验

任务目标

选择落料模加工刀具，进行落料模的加工和质量检验。

任务要求

制定凸凹模［图6-1（a）］、凹模［图6-1（b）］加工工艺路线，编制工序卡，计算螺纹和底孔尺寸，编程加工并进行检验分析。

相关知识

一、凸凹模加工及检验

（1）计算螺纹底孔直径

（2）列刀具卡

见表6-7。

表6-7　刀具卡

刀具号	刀具类型	加工内容	主轴转速	进给速度
1				
2				
3				
4				
5				

（3）加工及检验

见表6-8。

表6-8　凸凹模质量检验分析表

班别			姓名		机床号	
鉴定项目及标准		检验结果		是否合格		备注（意见）
外轮廓	$40^{-0.15}_{-0.25}$					重要尺寸
	$30^{-0.05}_{-0.15}$					
	$R5$					
	高度 35					
台阶孔	$\phi10^{+0.25}_{+0.11}$					
	孔高 10					
	$\phi12$					
螺纹孔	$M6$					
	孔深 15					
外轮廓粗糙度	$Ra0.8$（3 处）					
孔粗糙度	$Ra0.8$					
其余粗糙度	$Ra3.2$					
加工质量分析						
检验员				年　月　日		

二、凹模加工及检验

（1）计算螺纹底孔直径

（2）列刀具卡（参考凸凹模刀具卡）

（3）加工及检验

见表 6-9。

表 6-9　凹模质量检验分析表

班别		姓名		机床号	
鉴定项目及标准		检验结果	是否合格	备注(意见)	
外轮廓	100			重要尺寸	
	80				
	高度20				
内轮廓	$40^{+0.15}_{0}$				
	$30^{+0.03}_{0}$				
	高度15				
光孔	$\phi6(5处)$				
	20 ± 0.05				
	60 ± 0.05				
	20				
螺纹孔	M6(4处)				
	76				
	56				
上表面粗糙度	$Ra0.8$				
内轮廓粗糙度	$Ra0.8$				
孔粗糙度	$Ra1.6$				
其余粗糙度	$Ra6.3$				
加工质量分析					
检验员			年　月　日		

轮廓铣削简化编程加工

学习目标

掌握调用子程序编程、旋转坐标编程和平移坐标编程指令。

项目实施

本项目下设两个任务，学习掌握子程序编程、旋转和平移编程指令，编程分层铣削图 7-1 工件，并进行检测。

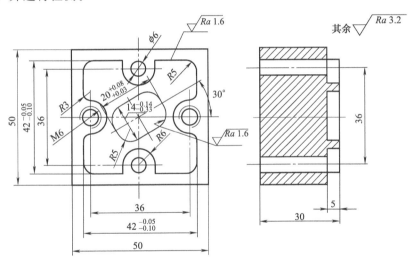

图 7-1　用简化编程方法加工

任务 1　调用子程序加工

任务目标

掌握 M98、M99 调用子程序加工编程指令。

任务要求

用调用子程序方法编程加工图 7-2 工件内外轮廓和孔，轮廓铣削时分层铣削，每层深度不能大于 1mm。

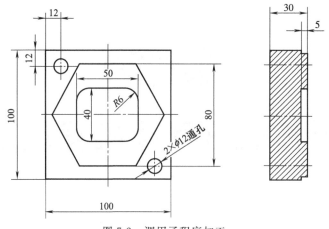

图 7-2 调用子程序加工

任务分析

将平面铣削、轮廓铣削、钻孔、钻中心孔各作为子程序，用主程序调用加工，铣平面使用 $\phi10$ 立铣刀，用子程序编程铣削，进行铣轮廓时要求用子程序进行分层加工。

相关知识

一、子程序调用

某些被加工的零件中，常常会出现几何形状完全相同的加工轨迹，或者在机床夹具中有几个相同的零件，需要顺次加工。在程序编制中，将会出现固定顺序和重复模式的程序段，将之单独编制一个子程序，并存放在子程序存储器中，供主程序调用，可使程序简单化。主程序执行过程中如果需要某一个子程序，可以通过一定格式的子程序调用指令来调用该子程序，执行完后返回到主程序，继续执行后面的程序段。

1. 子程序的应用范围

① 为方便编程及检查校验，将各加工部分作为子程序。

② 工件上有若干个相同的轮廓形状。

③ 某一轮廓或形状需要分层加工。

2. 子程序的编程格式

（1）主程序调用的书写格式

调用指令格式：M98　P×××××××

其中：参数 P 后面的尾 4 位××××，代表子程序名称的 4 位数字。头 3 位×××指定重复调用该子程序的次数。如果调用一次，可以忽略头 3 位×××，最大调用次数为 999 次。

如 M98 P32001 表示调用 O2001 子程序 3 次，M98 P2002 表示调用 O2002 子程序 1 次。

（2）子程序书写格式

O××××；

...

...

M99；

（3）子程序的嵌套调用

如果一个子程序中功能比较复杂的时候，或者在这个子程序中还有可能存在部分操作是挑选加工的情况，这时可以采用子程序的分级嵌套调用，如图 7-3 所示。

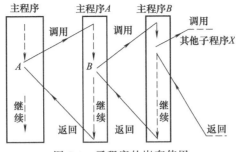

图 7-3 子程序的嵌套使用

二、子程序应用举例

例 7-1 用子程序编程加工图 7-4 所示工件。

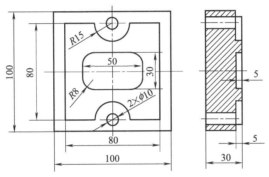

图 7-4 子程序编程铣削

参考程序如下。

O0001（主程序）

M98P0002（调用 O0002 子程序）

M98P0003（调用 O0003 子程序）

M98P0004（调用 O0004 子程序）

M98P0005（调用 O0005 子程序）

M30

%

O0002（铣方形子程序）

G54

G00X0Y0Z50

M03S500

X－40Y－65

G01Z－5F100

Y－50G41D01F200

Y40

X－15

G03X15R15

G01X40
Y－40
X15
G03X－15R15
G01X－50
G00Z50
X0Y0G40
M05
M99
％

O0003(铣槽子程序)
G54
G00X0Y0Z50
M03S500
Z5
G01Z0F100
Y－15G41D01F150
G03X0Y15R15
G01X－25,R8
Y－15,R8
X25,R8
Y15,R8
X0
G03X－15Y0Z0
G00Z50
X0Y0G40
M05
M99
％

O0004(钻中心孔子程序)
G54
G00X0Y0Z50
M03S800
G99G81X0Y40Z－5R5F100
G98Y－40
G80
M05
M99
％

O0005(钻孔子程序)

G54

G00X0Y0Z50

M03S800

G99G81X0Y40Z－32R5F100

G98Y－40

G80

M05

M99

％

例 7-2　如图 7-5 所示，加工凸台（深度 10mm）时采用分层铣削（每层切深 1mm），调用子程序完成同一位置的加工，根据加工图编程，采用 ϕ10mm 立铣刀加工，刀长为 177.10mm。

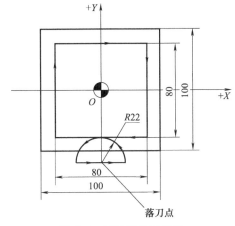

图 7-5　子程序分层铣削

程序如下。

O0001（主程序）

G54

G00X0Y0Z50

M03S500

X0Y－62

Z0

M98P100002　　　　　　　　　调用子程序 10 次

G90G00Z50

X0Y0G40

M05

M30

％

O0002（子程序）

G91Z－1　　　　　　　　　　增量编程，层深 1mm

X22G41D01

G03Y22X－22R22

G01X－40

Y80

X80

Y－80

X－40

G03X－22Y－22R22

G00X22

M99　　　　　　　　　　返回主程序

任务 2　旋转及平移编程铣削加工

任务目标

学习镜像指令、旋转指令和平移指令编程。

任务要求

用平移和旋转功能编程加工图 7-6 所示工件三个凹槽（均布）。

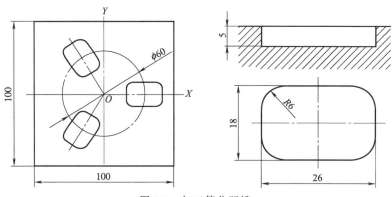

图 7-6　加工等分凹槽

任务分析

对镜像指令作一般了解，重点学习旋转指令编程和坐标平移，在数控铣中平移指令在图形模拟中不显示平移，可用空运行校验。

相关知识

一、镜像功能 G50.1、G51.1

指令格式：G51.1X－Y－Z－

…

G50.1X－Y－Z－

式中，G51.1 为建立镜像；G50.1 为取消镜像；X、Y、Z 为指定镜像位置（对称轴或对称中心）；…表示原始程序；…也可用调子程序的方法加工（M98P－）；M98 为调用子程序；M99 为返回到主程序；P 为子程序号。

例 7-3　用镜像加工方法编制图 7-7 轮廓的铣削程序，铣削深度为 3mm。

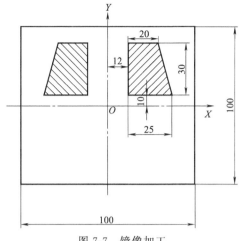

图 7-7　镜像加工

O0051	主程序号
G54	
G00X0Y0Z50	
M03S800	
M98P0002	调用 O0002 子程序加工
G51.1X0	以 Y 为镜像轴
M98P0002	调用 O0002 子程序加工
G50.1X0	取消 Y 镜像轴
M05	
M30	
%	

（用绝对值编程）

O0002	子程序号
G41G00X12Y5D01	靠近工件及建立刀具补偿
Z3	下刀至离工件表面 3mm 处
G01Z－3F100	用工进速度下刀至 3mm 深度
Y40F200	
X32	
X37Y10	
X7	
G00Z50	抬刀至起刀高度
X0Y0 G40	回坐标原点
M99	返回到主程序
%	

（用增量值编程）

O0002	子程序号
G41G00X12Y5D01	靠近工件及建立刀具补偿
G91	采用增量编程

Z—47	下刀至离工件表面 3mm 处
G01Z—6F100	用工进速度下刀至 3mm 深度
Y35	
X20	
X5Y—30	
X—30	
G00Z53	抬刀至起刀高度
G40X—7Y—10	回坐标原点
G90	采用绝对值编程
M99	返回到主程序
%	

二、旋转指令编程

1. 旋转变换指令格式

G68X—Y—R—

...

G69

2. 说明

式中，G68 为建立旋转；G69 为取消旋转；X、Y 为旋转中心的坐标值，R 为转角，逆时针为正值；…表示原始程序；也可用 M98P—调用子程序；P—子程序号。

例 7-4 使用旋转功能编制图 7-8 所示凹槽轮廓的加工程序，设刀具起点距工件上表面 50mm，切削深度为 5mm。

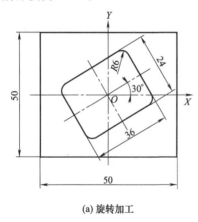 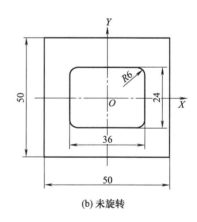

(a) 旋转加工　　　　　　　　　　　(b) 未旋转

图 7-8　斜槽加工

按未旋转轮廓编程（N60～N200），然后在程序前加旋转指令（N45 G68X0Y0R30），在程序后加取消旋转（N195 G69）即可。

该工件的加工程序如下。

O0001	程序号
N10 G54	
N20 G00X0Y0Z50	
N30 M03S1000	
N40 Z5	下刀靠近工件

（N45 G68X0Y0R30）　　　　　　　以原点为中心，旋转30°

N50 X12G41D01

N60 G01Z0F100　　　　　　　　　　到工件表面

N70 G03X0Y12Z－5R12　　　　　　　螺旋下刀

N80 G01X－18，R6F200

N90 Y－12，R6

N100 X18，R6

N110 Y12，R6

N120 G01X0

N130 G03X－12Y0R30

N140 G00Z50　　　　　　　　　　　快速抬刀

N150 X0Y0G40　　　　　　　　　　　回起刀点，取消刀补

（N155 G69）　　　　　　　　　　　取消旋转

N160 M05

N170 M30

％

也可用调子程序的方法编程。

O0001　　　　　　　　　　　　　　主程序号

N10 G54

N20 G00X0Y0Z50

N30 M03S1000

N40 Z5　　　　　　　　　　　　　　下刀靠近工件

（N45 G68X0Y0R30）　　　　　　　以原点为中心，旋转30°

N100 M98P0002　　　　　　　　　　调用子程序加工

N110 G69　　　　　　　　　　　　　取消旋转

N120 M05

N130 M30

％

将 N50～N190 段作为子程序 O0002。

O0002　　　　　　　　　　　　　　子程序号

N50 X12G41D01

N60 G01Z0F100　　　　　　　　　　到工件表面

N70 G03X0Y12Z－5R30　　　　　　　螺旋下刀

N80 G01X－18，R6F200

N90 Y－12，R6

N100 X18，R6

N110 Y12，R6

N120 G01X0

N130 G03X－12Y0R30

N140 G00Z50　　　　　　　　　　　快速抬刀

N150 X0Y0G40　　　　　　　　　　　回起刀点，取消刀补

N160 M99   返回到主程序

三、坐标平移指令（局部坐标系）

G52X—Y—Z—

X、Y、Z 为指令局部坐标原点在当前工件坐标系中的坐标值。

要取消坐标平移，可用 G52X0Y0Z0 来实现。

例7-5　用坐标平移指令编制图 7-9 所示凹槽轮廓的加工程序，设刀具起点距工件上表面 50mm，切削深度为 5mm。

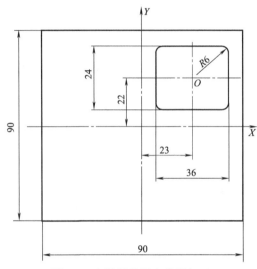

图 7-9　坐标平移指令编程加工

此工件使用坐标系平移指令可使编程简单。

加工程序如下。

O0052

N10 G54

N20 G00X0Y0Z50

N30 M03S1000

N40 Z5

N44 G52X23Y22   以 X23Y22 为原点，建立局部坐标系

N46 G00X0Y0

N48 Z5

N50 X12G41D01   平移加刀补

N60 G01Z0F100   到工件表面

N70 G03X0Y12Z—5R12   螺旋下刀

N80 G01X—18,R6 F200

N90 Y—12,R6

N100 X18,R6

N110 Y12,R6

N120 G01X0

N130 G03X—12Y0R12

N140 G00Z50   快速抬刀

N150 X0Y0G40　　　　　　回局部坐标系中点，取消刀补
N160 G52X0Y0　　　　　　取消局部坐标系
N170 G00X0Y0
N180 M05
N190 M30
%
N46～N190 段程序是用局部坐标系编程。

任务 3　宏程序编程

任务目标

了解椭圆、倒圆角、倒斜角宏程序编程。

任务要求

用宏程序编程加工图 7-10 所示椭圆、长方块及倒角，毛坯为 $50 \times 50 \times 30$ 的 45 钢。

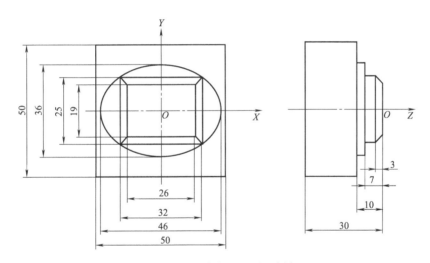

图 7-10　宏程序加工椭圆及倒角

任务分析

工件具有椭圆轮廓及倒角，要了解椭圆的基本公式和倒角的计算式，然后进行编程。

相关知识

一、用户宏程序概述

1. 用户宏程序定义

众所周知，一般意义上的加工程序所采用的编程指令，由数控系统生产厂商开发，其加工功能是固定的，使用者只能按照规定编程。但有时这些指令满足不了用户的需要（如加工一个椭圆轮廓），为满足用户个性加工要求，生产厂商向用户提供了能扩展数控系统功能的

编程指令，用户应用这些扩展的编程指令对数控系统进行二次开发，从而实现所需的加工要求，这就是用户宏程序。

用户宏程序是指应用数控系统中的特殊编程指令编写而成、能实现参数化功能的加工程序，这类程序由一群命令构成，具有变量编程及重复加工功能。

2. 用户宏程序与普通程序的区别

与普通程序相比，用户宏程序具有以下特点，如表 7-1 所示。

表 7-1 普通程序与用户宏程序的简要对比

普通程序	用户宏程序
只能使用常量编程	可以使用变量，通过给变量赋值实现变量编程
常量之间不可以运算	变量之间可以运算
程序只能顺序执行，不能跳转	程序运行可以跳转

3. 用户宏程序的分类

FANUC 数控系统的用户宏程序分为 A、B 两种，在一些较老的 FANUC 系统 (FANUC-0MD) 中采用 A 类宏程序，而在较为先进的系统（如 FANUC0-0i）中则采用 B 类宏程序。

以下主要介绍 FANUC 0i 的用户宏程序相关内容。

二、宏程序编程

（一）变量

1. 变量概述

（1）变量表示

♯1（＝1，2，3，…）或♯［<式子＝]

例：♯5，♯109，♯501，♯［♯1＋♯2－12.］

（2）变量的使用

① 在地址字后面指定变量号或公式。

格式：（地址字）♯1

（地址字）－♯1

（地址字）＝［（式子）]

例：F♯103，设♯103＝150，则为 F150。

Z－♯110，设♯110＝250，则为 Z＝250。

X［♯24＋［♯18＊COS［♯1]]]。

② 变量号可用变量代替。

例：♯［♯30]，设♯30＝3，则为♯3。

③ 程序号、顺序号和任选程序段跳转号不能使用变量。

例：下述方法不允许

O♯；

/♯2 G0 X100.0；

N♯3Z200.0。

④ 变量号所对应的变量，对每个地址来说，都有具体数值范围。

例：♯30＝1100 时，则 M♯30 是不允许的。

⑤ ♯0 为空变量，没有定义变量值的变量也是空变量。

⑥ 量值定义：程序定义时可省略小数点，例：♯123＝149。

（3）变量的类型

变量根据变量号可以分为四种类型，功能见表 7-2。

表 7-2　变量的类型及功能

变量号	变量类型	功　　能
♯O	空变量	该变量总是空,没有值赋给该变量
♯1～♯33	局部变量	局部变量只能用在宏程序中存储数据,例如,运算结果当断电时,局部变量被初始化为空,调用宏程序时,自变量对局部变量赋值
♯100～♯199	公共变量	公共变量在不同的宏程序中的意义相同
♯500～♯999		当断电时,变量♯100～♯199 初始化为空。变量♯500～♯999 的数据保存,即使断电也不丢失
♯1000 以上	系统变量	系统变量用于读和写 CNC 的各种数据,例如,刀具的当前位置和补偿值等

（4）变量的引用

① 在地址后指定变量号即可引用其变量值。当用表达式指定变量时，要把表达式放在括号中。

例如：G1X［♯1＋♯2］F♯3。

被引用变量的值会依据地址的最小设定单位自动地进行取舍。

例如：当系统的最小输入增量为 1/1000mm，指定 G00X♯1，并将 12.3456 赋值给变量♯1，实际指定值为 G00 X12.346。

② 改变引用变量值的符号，要把负号（－）放在♯的前面。

例如：G00 X－♯1。

③ 当引用未定义的变量时，变量及地址字都被忽略。

例如：当变量♯1 的值是 0，并且变量♯2 的值是空时，G00X♯1Y♯2 的执行结果为 G00X0。

2. 系统变量

系统变量用于读和写 NC 内部数据，同时它也是自动控制和通用程序开发的基础。

（1）接口信号

它是可编程机床控制器（PMC）和用户宏程序之间交换的信号，功能见表 7-3。

表 7-3　接口信号功能

变量号	功　　能
♯1000～ ♯1015 ♯1032	把 16 位信号从 PMC 送到用户宏程序。变量♯1000～♯1015 用于按位读取信号,变量♯1032 用于一次读取一个 16 位信号
♯1100～ ♯1115 ♯1132	把 16 位信号从用户宏程序送到 PMC。变量♯1100～♯1115 用于按位写信号,变量♯1132 用于一次写一个 16 位信号
♯1133	变量♯1133 用于从用户宏程序一次写一个 32 位的信号到 PMC。注意,♯1133 的值为－99999999～＋99999999

（2）刀具补偿值

用系统变量可以读和写刀具补偿值。

可使用的变量数取决于刀补数，取决于是否区分外形补偿和磨损补偿以及是否区分刀长补偿和刀尖补偿。当偏置组数小于等于 200 时，也可使用♯2001～♯2400。刀具补偿存储器 C 的系统变量见表 7-4。

表 7-4　刀具补偿存储器 C 的系统变量

补偿号	刀具长度补偿(H)		刀具半径补偿(D)	
	外形补偿	磨损补偿	外形补偿	磨损补偿
1	＃11001(＃2201)	＃10001(＃2001)	＃13001	＃12001
…	…	…	…	…
200	＃11201(＃2400)	＃10201(＃2200)	…	…
…	…	…	…	…
400	＃11400	＃10400	＃13400	＃12400

（3）宏程序报警

宏程序报警的系统变量功能见表 7-5。

例：＃3000＝1（TOOL NOT FOUND），报警屏幕上显示

"3001 TOOL NOT FOUND"（刀具未找到）。

表 7-5　宏程序报警的系统变量功能

变量号	功　能
＃3000	当变量＃3000 的值为 0～200 时,CNC 停止运行且报警 可在表达式后指定不超过 26 个字符的报警信息 CRT 屏幕上显示报警号和报警信息,其中报警号为变量＃3000 的值加上 3000

（4）停止和信息显示

程序停止执行并显示信息功能见表 7-6。

表 7-6　程序停止执行并显示信息功能

报警号	功　能
＃3006	在宏程序中指令"3006＝1(MESSAGE);"时,程序在执行完前一程序段后停止 可在同一个程序段中指定最多 26 个字符的信息,由控制输入"("和控制输出")"括住,相应信息显示在外部操作信息画面上

（5）时间信息

时间信息可以读和写,时间信息的系统变量功能见表 7-7。

表 7-7　时间信息的系统变量功能

变量号	功　能
＃3001	该变量为一个计时器,以 1ms 为计时单位。当电源接通时,该变量值复位为 0,当达到 2147483648ms 时,该计时器的值返回到 0
＃3002	该变量为一个计时器,以一个小时为单位计时,该计时器即使在电源断电时也保存数值。当达到 9544.371767h,该计时器的值返回到 0
＃3011	该变量用于读取当前的日期(年/月/日),年/月/日信息转换成十进制数,例如,2001 年 9 月 28 日表示为 20010928
＃3012	该变量用于读取当前的时间(时/分/秒),时/分/秒信息转换成十进制数,例如,下午 3 点 34 分 56 秒表示为 153456

（6）模态信息

模态信息的系统变量见表 7-8。

表 7-8 模态信息的系统变量

变量号	功　能	变量号	功　能
♯4001	G00,G01,G02,G03,G33	♯4015	G61～G66
♯4002	G17,G18,G19	♯4016	G68,G69
♯4003	G90,G91	...	...
♯4004		♯4022	
♯4005	G94,G95	♯4102	B 代码
♯4006	G20,G21	♯4107	D 代码
♯4007	G40,G41,G42	♯4109	F 代码
♯4008	G43,G44,G49	♯4111	H 代码
♯4009	G73,G74,G76,G80～G89	♯4113	M 代码
♯4010	G98,G99	♯4114	顺序号
♯4011	G50,G51	♯4115	程序号
♯4012	G65,G66,G67	♯4119	S 代码
♯4013	G96,G97	♯4120	T 代码
♯4014	G54～G59	♯4130	P 代码（现在选择的附加工建立坐标系）

（7）当前位置

位置信息不能写，只能读。信息系统的系统变量见表 7-9。

表 7-9 当前位置信息系统的系统变量

变量号	位置信息	坐标系	刀具补偿值	运动时的读操作
♯5001～♯5003	程序段终点	工件坐标系	不包括	可能
♯5021～♯5023	当前位置	机床坐标系	包括	不可能
♯5041～♯5043	当前位置	工件坐标系		
♯5061～♯5063	跳转信号位置			可能
♯5081～♯5083	刀具长度补偿值			不可能
♯5101～♯5103	伺服位置偏差			

第 1 位代表轴号（从 1 到 3）

变量♯5081～♯5083 存储的刀具长度补偿值是当前的执行值，不是后面程序段的处理值。

在 G31（跳转功能）程序段中跳转信号接通时的刀具位置储存在变量♯5061～♯5063 中。当 G31 程序段中的跳转信号未接通时，这些变量中储存指定程序段的终点值。

移动期间不能读是指由于缓冲（预读）功能的原因，不能读期望值。

（8）工件坐标系补偿值

工件零点偏移值可以读和写，工件零点偏移值的系统变量功能见表 7-10，同时也可以使用表 7-11 中变量。

表 7-10　工件零点偏移值的系统变量功能

变量号	功　能
＃5201 … ＃5203	第 1 轴外部工件零点偏移值 … 第 3 轴外部工件零点偏移值
＃5221 … ＃5223	第 1 轴 G54 工件零点偏移值 … 第 3 轴 G54 工件零点偏移值
＃5241 … ＃5243	第 1 轴 G55 工件零点偏移值 … 第 3 轴 G55 工件零点偏移值
＃5261 … ＃5263	第 1 轴 G56 工件零点偏移值 … 第 3 轴 G56 工件零点偏移值
＃5281 … ＃5283	第 1 轴 G57 工件零点偏移值 … 第 3 轴 G57 工件零点偏移值
＃5301 … ＃5303	第 1 轴 G58 工件零点偏移值 … 第 3 轴 G58 工件零点偏移值
＃5321 … ＃5323	第 1 轴 G59 工件零点偏移值 … 第 3 轴 G59 工件零点偏移值
＃7001 … ＃7003	第 1 轴工件零点偏移值(G54.1 P1) … 第 3 轴工件零点偏移值(G54.1 P1)
＃7021 … ＃7023	第 1 轴工件零点偏移值(G54.1 P1) … 第 3 轴工件零点偏移值(G54.1 P2)
…	…
＃7941 … ＃7943	第 1 轴工件零点偏移值(G54.1 P48) … 第 3 轴工件零点偏移值(G54.1 P48)

表 7-11 工件零点偏移值的系统变量号

轴	功　能	变　量　号	
第一轴	外部工件零点偏移	＃2500	＃5201
	G54 工件零点偏移	＃2501	＃5221
	G55 工件零点偏移	＃2502	＃5241
	G56 工件零点偏移	＃2503	＃5261
	G57 工件零点偏移	＃2504	＃5281
	G58 工件零点偏移	＃2505	＃5301
	G59 工件零点偏移	＃2506	＃5321
第二轴	外部工件零点偏移	＃2600	＃5202
	G54 工件零点偏移	＃2601	＃5222
	G55 工件零点偏移	＃2602	＃5242
	G56 工件零点偏移	＃2603	＃5262
	G57 工件零点偏移	＃2604	＃5282
	G58 工件零点偏移	＃2605	＃5302
	G59 工件零点偏移	＃2606	＃5322
第三轴	外部工件零点偏移	＃2700	＃5203
	G54 工件零点偏移	＃2701	＃5223
	G55 工件零点偏移	＃2702	＃5243
	G56 工件零点偏移	＃2703	＃5263
	G57 工件零点偏移	＃2704	＃5283
	G58 工件零点偏移	＃2705	＃5303
	G59 工件零点偏移	＃2706	＃5323

（二）运算指令

运算式的右边可以是常数、变量、函数、式子，式中＃J、＃k 也可以为常量，式子右边为变量号、运算式。

1. 定义

＃I＝＃J

2. 算术运算

＃I＝＃J＋＃k

＃I＝＃J－＃k

＃I＝＃J＝＃k

＃＝－＃J/＃k

3. 逻辑运算

＃l＝＃JOR＃k

＃I＝＃JXOR＃k

＃1＝＃JAND＃k

4. 函数运算

＃I＝SIN［＃J］　　　　　　正弦

＃I＝COS［＃J］　　　　　　余弦

♯I＝TAN［♯J］   正切

♯I＝ATAN［♯J］   反正切

♯I＝SQRT［♯J］   平方根

♯I＝ABS［♯J］   绝对值

♯I＝ROUND［♯J］   四舍五入化整

♯I＝FIX［♯J］   上取整

♯I＝FUP［♯J］   下取整

♯I＝PIN［♯J］   BCD→BIN(二进制)

♯I＝BCN［♯J］   BIN←BCD

说明如下。

① 角度单位为度。

例：90 度 30 分为 90.5°。

② ATAN 函数后的两个边长要用"/"隔开。

例：♯1＝ATAN1/［－1］时，♯1 为 135.0。

③ ROUND 用于语句中的地址，按各地址的最小设定单位进行四舍五入。

例：设♯1＝1.2345，♯2＝2.3456，设定单位 1μm。

G91   X－♯1；X－1.235

X－♯2   F300；X－2.346

X［♯1＋♯2］；X3.580

未返回原处，应改为 X ROUND［♯1］＋ROUND［♯2］

④ 取整后的绝对值比原值大为上取整，反之为下取整。

例：设♯1＝1.2，♯2＝－1.2 时，

若♯3＝FUP♯1 时，则♯3＝－2.0；

若♯3＝FIX♯1 时，则♯3＝1.0；

若♯3＝FUP♯2 时，则♯3＝－2.0；

若♯3＝FIX♯2 时，则♯3＝－1.0。

⑤ 指令函数时，可只写开头 2 个字母。

例：ROUND→RO

FIX→FI

⑥ 优先级。

函数→乘除(＊,/,AND)→加减(＋,－,OR,XOR)

例：♯1＝♯2＋♯3＊SIN［♯4］

式中的优先级别为 SIN［♯4］→3＊SIN［♯4］→♯2＋♯3＊SIN［♯4］

⑦ 括号为中括号，最多 5 重，圆括号用于注释语句。

例：♯1＝SIN［［［［［♯2＋♯3］＊♯4＋♯5］＊♯6］＋♯7］＊♯8］（5 重）

(三) 转移与循环指令

1. 无条件的转移

格式：GOTO 1；

      GOTO ♯10；

2. 条件转移

格式：IF［(条件式)］GOTO n

条件式：

♯jEQ♯k 表示＝

♯jNE♯k 表示≠

♯jGT♯k 表示＞

♯jLT♯k 表示＜

♯jGE♯k 表示≥

♯jLE♯k 表示≤

例：IF［♯1GT10］GOTO　100

…

N100　G00 G91　X10；

例：求 1 到 10 之和。

O9500；

♯1＝0

♯2＝1

N1 IF［♯2GT10］GOTO　2

♯1＝♯1＋♯2；

♯2＝♯2＋1；

GOTO 1

N2　M30；

3. 循环

格式：WHILE［(条件式)］DOm；（m＝1，2，3）

…

…

…

ENDm

说明如下。

① 条件满足时，执行 DOm 到 ENDm 之间的程序段；不满足时，转到 ENDm 后的程序段。

② 省略 WHILE 语句只有 DOm 至 ENDm，则从 DOm 到 ENDm 之间形成死循环。

③ 在 EQ、NE 时，空和"0"不同，其他条件下，空和"0"相同。

例：求 1 到 10 之和。

O0001；

♯1＝0；

♯2＝1；

WHILE［♯2LE10］DO1；

♯1＝♯1＋♯2；

♯2＝♯2＋1.；

END1；

M30；

（四）变量在编程中的赋值方法

1. 在编程中用♯号进行赋值并在程序中进行应用

例如：♯1＝10.0

　　　♯2＝50.0

2. 在公共变量中进行赋值

赋值步骤如下：

① 使系统处于 EDIT 状态；

② 按下功能键 OFFSET SETTING；

③ 按下最右边的软键（菜单扩展键）；

④ 按下软键 MARCO；

⑤ 通过翻页键或数字键和软键 ［NO. SRH］选择变量；

⑥ 在公共变量中输入数值。

说明：

此方法只用于♯100～♯199 及♯500、♯999 的参数赋值。

算术变量赋值范围为－99999999～＋99999999。

（五）用户由程序报警及处理方法

在使用用户宏程序时，在程序运行中会出现以下报警，现将报警序号、信息、处理方法
列于表 7-12 中。

表 7-12 宏程序报警信息

序号	信 息	处 理 方 法
112	DIVIDED BY ZERO 被零除	除数指定为 0(包括 TAN90 度),修改程序
113	IMPROPERCOMMAND 不正确的指令	在用户宏程序中指令了不能使用的功能,修改程序
114	FORMAT ERROR IN MARCO 宏程序中格式错误	宏程序〈公式〉的格式中有错误,修改程序
115	ILLEGAL VARIABLE NOVMBER 非法变量号	在用户宏程序或高速循环切削中,将不能指定的值指定为变量号,修改程序
116	WRITE PROTECTED VARIABLE 写保护变量	赋值语句的左侧是一个不允许的变量,修改程序
118	PARENTHESIS NESTING ERROR 括号嵌套错误	括号的嵌套数超过了上极限(5 重),修改程序
119	ILLEGAL ARGUMENT 非法自变量	SQRT 自变量为负,BCD 自变量为负,或在 BIN 自变量各行出现了 09 以外的值,修改程序
122	FOUR FOLD MARCO MODAL-CALL 4 种宏模态调用	宏模态调用和宏调用被嵌套 4 层,修改程序
123	CAN NOT USE MARCO COMMAND IN DNC DNC 中不能使用宏指令	在 DNC 操作期间使用了宏程序控制指令,修改程序
124	ILLEGAL LOOP NOMBER 缺少结束语句	DO-END 不是 1：1 地对应,修改程序
125	FORMAT ERROR IN MARCO 宏程序中格式错误	〈Formula〉的格式中有错误,修改程序
126	ILLEGAL LOOP NOMBER 非法循环数	在 DOn 中,1≤n≤3 未满足,修改程序
127	NC MARCO STATEMENT IN SAME BLOCK 在同一程序段中有 NC 和宏语句	NC 和宏指令混用,修改程序
128	ILLEGAL MARCO SEQUENCE NUMBER 非法宏顺序号	在转移指令中定义的顺序号不是 0～9999,或者不能检索到它们,修改程序

序号	信　息	处　理　方　法
129	ILLEGAL ARGUMENT ADDRESS 非法自变量地址	在自变量中使用了不允许的地址,修改程序
199	MARCO WORD UNDFEFNED 指令未定义的宏程序	未定义的所用宏指令程序

例 7-6　如图 7-11 所示,要在一工件材质为 45 钢、尺寸为 65mm×45mm×15mm 的长方料上加工图示椭圆(在此,仅编制精加工程序)。

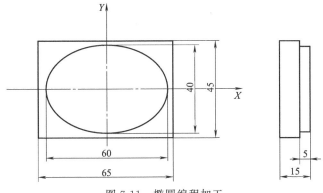

图 7-11　椭圆编程加工

编程思路:此零件加工内容为椭圆,它由非圆曲线组成。利用三角函数关系求出椭圆上各点坐标,并把各点连在一起最终形成椭圆,这样从根本上极大地保证了椭圆的加工精度。

(1) 参数设定说明

♯100	30;	椭圆长半轴
♯101	20;	椭圆短半轴
♯102	0;	椭圆切削起点角度
♯103	360;	椭圆切削终点角度
♯104	1;	角度值每次增加量

(2) 刀具选择

选择 φ16 平底刀。

(3) 加工程序

```
O0001
G90G54G00X0Y0S600M03
G00Z50
Z10
M8
♯100＝30                         椭圆长半轴
♯101＝20                         椭圆短半轴
♯102＝0                          椭圆切削起点
♯103＝360                        椭圆切削终点
♯104＝1                          角度值每次增加量
X30Y－40
G1Z－5F100                       下刀
G42Y♯102D1                       到椭圆起点,建立刀补
```

```
WHILE[♯102LE♯103]DO1          判断角度值是否到达终点,当条件不满足
                              时,退出循环体

♯105=♯100*COS[♯102]          计算椭圆圆周上的点坐标
♯106=♯101*SIN[♯102]          计算椭圆圆周上的点坐标
G1X♯105Y♯106F300             进给至轮廓点的位置
♯102=♯102+♯104               角度值递增
END1                         循环体结束
G1Y40G40
G0Z50M05
X0Y0
M9
M30
%
```

例 7-7 等距离外侧倒角。如图 7-12 所示,要在一工件材质为 45 钢尺寸为 60mm×60mm×30mm 的方料上加工图示倒角。

编程思路:此零件加工的内容为等距离倒角,即在 X 方向的缩减距离等于 Z 方向的垂直距离。由此不难求出倒角的角度为 45°,那么在实际倒角时只要让一个方向逐渐由"0"递增,那么另外的方向也相应地会由"0"递增。最终刀具切削量会在两个方向上同时递增,而形成等距离倒角。

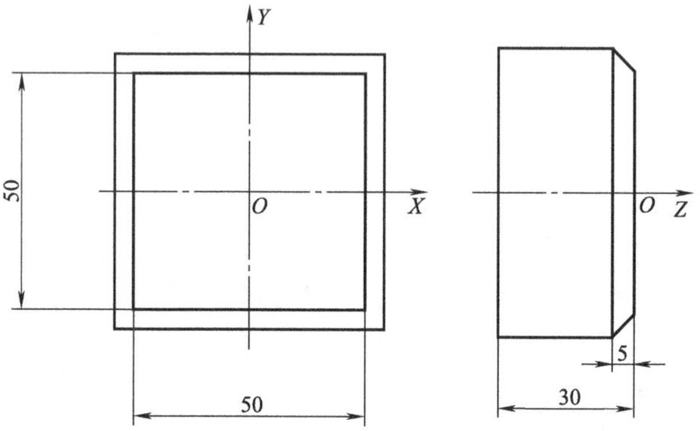

图 7-12 倒角加工

(1)参数设定说明

♯1	25	矩形长度的一半
♯2	45	倒角角度
♯3	0	Z 方向起始高度
♯4	♯3*TAN[♯2]	X 方向缩减量
♯5	♯1−♯4	X 方向长度

(2)刀具选择

选择 φ16 平底刀。

(3)加工程序(自下而上加工)

```
O0002
G54 G40 G80 G90
M3 S1000
G0 X0 Y0 Z50
Z10
M8
♯1=30                        矩形长度的一半
♯2=45                        倒角角度
```

#3＝0　　　　　　　　　　　　　　　　　　Z 方向起始高度
N10#4＝[#3]*TAN[#2]　　　　　　　　　　X、Y 方向缩减量
#5＝#1－#4　　　　　　　　　　　　　　　X、Y 方向长度
G1 Z#3F 100　　　　　　　　　　　　　　Z 方向进给

G41 G1 X0 Y－#5 D1　　　　　　　　　　轮廓加工
X－#5　　　　　　　　　　　　　　　　　轮廓加工
Y#5　　　　　　　　　　　　　　　　　　轮廓加工
X#5　　　　　　　　　　　　　　　　　　轮廓加工
Y－#5　　　　　　　　　　　　　　　　　轮廓加工
X0
Z#4
#3＝#3＋1　　　　　　　　　　　　　　给#3 赋值#3－#3＋1　Z 方向高度递增
IF[#3 LE5]GOTO 10　　　　　　　　　　#3 小于等于 5 跳转至 N10,循环
G40 Y－50
G0 Z50
M9
M30
％

小结：

① 运用此程序进行实际加工时会在进刀点形成刀痕。解决的办法是给#3＝#3＋1 句中"1"赋的值更小一点。

② 此程序在实际加工中的价值在于，可以避免使用成型刀倒角。

③ 如果在加工中需要采用自上而下加工时，只需将#3＝0 改为#3＝5；将 Z#4 改为Z－#4 即可。

特别注意：#3 中应赋的值为 Z 方向的高度。

例 7-8 孔口倒角。如图 7-13 所示，在一工件材质为 45 钢、尺寸为 90mm×90mm×30mm 的方料上加工图示孔口倒角。

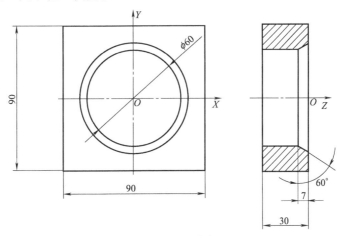

图 7-13　孔口倒角加工

编程思路：此零件加工的内容为孔口倒角，在 Z 方向的值及 X 方向增长量间建立正切关系，即让 Z 方向值由"0"不断以一定值增大到"7"，同时求出 X 方向每一次的增量值。

编制程序从下向上加工，详见图 7-14 建模图（在此，仅编制孔口倒角程序）。

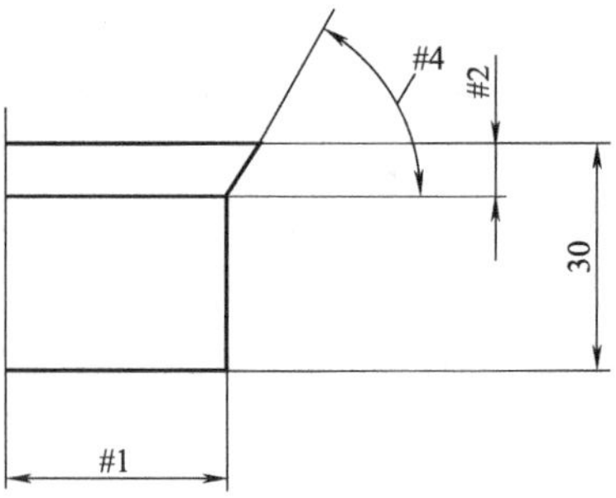

(1) 参数设定说明

♯1	孔口半径
♯2	Z 方向深度
♯3	Z 方向起始值
♯4	倒角角度
♯5	X 方向增长量

图 7-14　孔口倒角建模图

(2) 刀具选择

选择 φ12 平底刀。

(3) 加工程序（从下向上加工）

```
O0003
G54G40G80G90
M3S1000
G0X0Y0Z50
Z10
M8
♯1＝30                         孔口半径
♯2＝7                          Z 方向深度
♯3＝0                          Z 方向起始值
♯4＝60                         倒角角度
N10 G1Z♯3 F100                 Z 方向进给
♯5＝♯3/TAN[♯4]                 X 方向增长量
G41G1X[♯1＋♯5]D1F100
G3 I－[♯1＋♯5]J0
♯3＝♯3＋0.5                     Z 方向以 0.5 的值递增
IF[♯3LE♯2]GOTO 10              条件判定语句
G40 G1 X0 Y0                   取消刀补
G0Z50
M9
M30
%
```

机床操作应注意事项：

在工件表面对刀完毕后，Z 方向值减去 7，然后才可以进行加工。

任务4　简化编程铣削工件

任务目标

综合应用简化指令进行编程，掌握编程加工方法。

任务要求

完成图 7-12 件加工，使用调用子程序、旋转、分层加工（每层层深 1mm）编程，填写质量检验分析表。

任务分析

先作好内螺纹各参数的计算，将外轮廓、内槽，钻中心孔、钻孔、攻螺纹分别用子程序编程，用主程序调用，外轮廓编程可使用倒圆指令简化，内槽编程可用倒圆和旋转指令编程。

完成编程加工后进行检验分析，填写质量检验分析表（表 7-13）。

表 7-13 质量检验分析表

班别		姓名		机床号	
鉴定项目及标准		检验结果	是否合格	备注(意见)	
外轮廓	$42^{-0.05}_{-0.10}$ 2 处			重要尺寸	
	$R5$				
	$R6$				
	$R3$				
	高度 5				
斜方槽	$20^{+0.08}_{+0.03}$			重要尺寸	
	$14^{-0.14}_{-0.33}$			重要尺寸	
	$R5$				
	深度 5				
	30°转角				
光孔	36				
	$\phi6$				
螺纹孔	36				
	M6				
外轮廓粗糙度	$Ra1.6$				
斜方槽轮廓粗糙度	$Ra1.6$				
其余粗糙度	$Ra3.2$				
检验结果分析					
配合情况分析					
检验员			年　月　日		

数控铣削编程练习：

1. 制定图 7-15 所示工件的加工路线，选择刀具并完成铣削加工编程，零件材料为 45 钢，毛坯尺寸为 $\phi50mm \times 25mm$。

2. 制定图 7-16 所示叠加外形轮廓工件的加工路线，选择刀具并完成铣削加工编程，零件材料为 45 钢，毛坯尺寸为 $\phi50mm \times 30mm$。

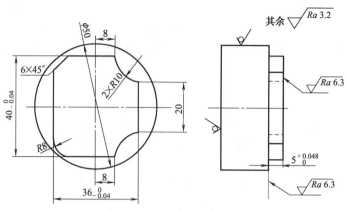

图 7-15　简单外形轮廓铣削

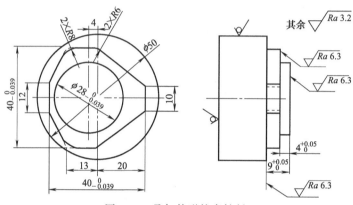

图 7-16　叠加外形轮廓铣削

3. 制定图 7-17 所示工件内外轮廓铣及钻孔加工的加工路线，选择刀具并完成铣削加工编程，零件材料为 45 钢，毛坯尺寸为 50mm×50mm×30mm。

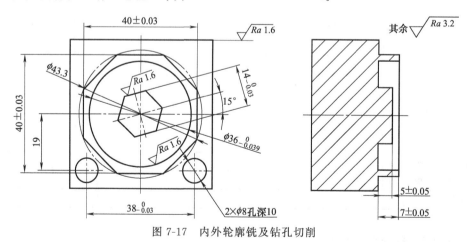

图 7-17　内外轮廓铣及钻孔切削

项目 8

加工中心综合件铣削

学习目标

1. 知识目标

掌握数控铣/加工中心的操作加工基本知识，掌握内外轮廓铣削工艺、孔加工工艺及手工编程。

2. 技能目标

熟练掌握加工中心基本操作及对刀，数控铣削加工中刀具和量具的使用，加工质量的检验及精度控制。

项目实施

毛坯为 $\phi85 \times 20$ 的 45 圆钢，本项目下设三个任务，在进行基本操作与编程训练之后对项目工件（见图 8-1）制定加工工艺，选择刀具及编程加工。

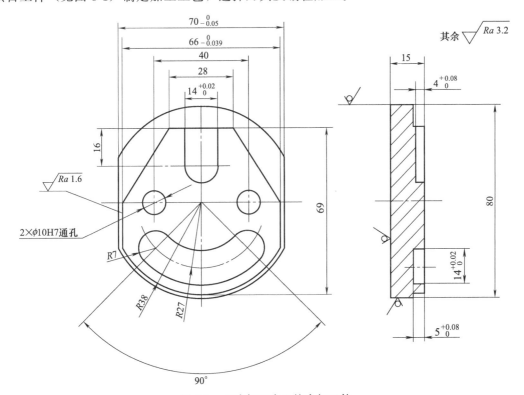

图 8-1　立式加工中心综合加工件

任务 1 加工中心操作及对刀

任务目标

学习加工中心的操作与对刀。

任务要求

熟悉 FANUC 0i Mate 加工中心操作及对刀，并按给定程序加工出图 8-2 工件。

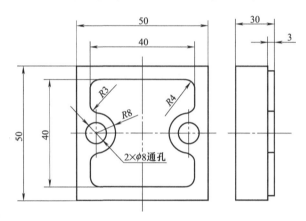

图 8-2　加工中心加工操作练习件

任务分析

了解数控铣和数控加工中心对刀操作的异同点，熟悉加工中心的换刀操作和长度补偿，熟悉加工中心面板，按给定程序的三个程序输入加工中心，正确操作及对刀加工。

相关知识

一、加工中心简介

加工中心的特点如下。

① 具有自动换刀装置。能自动更换刀具，在一次装夹中完成铣、钻、扩、铰、镗、攻螺纹等加工，工序高度集中。

② 多轴加工中心带有自动摆角的主轴。工件在一次装夹后，自动完成多个平面和多个角度位置的加工，实现高精度定位和加工。

③ 许多加工中心带有自动交换工作台。一个工件在加工的同时，另一个工作台可以实现工件的装夹，从而大大缩短辅助时间，提高加工效率。

二、加工中心的自动换刀装置（ATC）

（一）自动换刀装置组成

加工中心的自动换刀装置属于带刀库式自动换刀装置。带刀库式自动换刀装置由刀库、选刀机构、刀具交换机构及刀具在主轴上的自动装卸机构四部分组成。

(二) 刀库的功能和类型

刀库是用来存储加工刀具及辅助工具的地方,其容量、布局以及具体结构,对数控机床的设计都有很大影响,是自动换刀装置最主要的部件之一。

在加工中心上使用的刀库主要有两种,一种是圆盘式刀库,另一种是链式刀库。圆盘式刀库的结构紧凑、简单,但刀库容量相对较小,一般能容纳 1~24 把刀具,主要适用于小型加工中心。链式刀库是在环形链条上装有许多刀座,刀座的孔中装夹各种刀具,链条由链轮驱动,它的结构紧凑,刀库容量大,一般能容纳 1~100 把刀具,主要适用于大中型加工中心。

三、FANUC 0i Mate 加工中心操作及对刀

FANUC 0i Mate 加工中心的面板与数控铣面板完全一样,基本的操作及 X、Y 方向对刀方法也和数控铣相同,内容可参看数控铣床基本操作及对刀,在此只是把操作及对刀中与数控铣不同的部分进行讲述。

(一) 加工中心的手动装刀和换刀

加工中心将刀装进刀库指定的号数,如将 $\phi60$ 的平面铣刀装到 1 号位置,可按下列步骤进行:

① 工作方式切换到 MDI;

② 录入 T1M6 指令,按循环启动键运行,此时刀库转换到 1 号刀位为主轴上工作刀;

③ 手动将 $\phi60$ 的平面铣刀装到主轴刀座上。

换其他号的刀具可把换刀指令的刀具号改变,如 T2M6 即可将 2 号位作为工作刀,同时 1 号刀进入刀库。

(二) 加工中心的对刀

1. X、Y 方向对刀

(1) X 方向寻边器对刀

寻边器也叫分中棒,由固定端和测量端两部分组成。固定端由刀具夹头夹持在机床主轴上,中心线与主轴轴线重合。在测量时,主轴以 400r/min 旋转。通过手轮方式,使寻边器移动靠近毛坯左侧,让测量端接触毛坯。在测量端未接触工件时,固定端与测量端的中心线不重合,两者呈偏心状态,测量端明显晃动。当测量端与工件接触后,随偏心距减小晃动幅度减小,这时使用手轮方式微调进给,寻边器继续向工件移动,偏心距逐渐减小。当测量端和固定端的中心线重合的瞬间,测量端无晃动,如图 8-3 所示,若此时再进行增量或手轮方式的小幅度进给时,寻边器的测量端突然大幅度偏移晃动,此时寻边器与工件恰好吻合,偏移越大则晃动越大(图 8-4)。

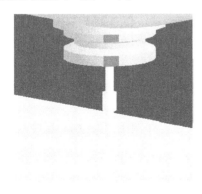

图 8-3　重合时无晃动

图 8-4　偏移越大时晃动越大

记下寻边器与工件恰好吻合时 CRT 界面中的 X 坐标，记为 X_1；将寻边器移动到毛坯右侧，并使测量端与工件右侧恰好吻合，记下 CRT 界面中的 X 坐标，记为 X_2；计算毛坯中心的 X 坐标 X_0：$X_0 = (X_1 + X_2)/2$。

按 刀补 键—按 坐标 软键，半光标移至 G54 坐标 X 处，输入 X0 并按 测量 软键，系统自动计算并保存 X 偏置值。

（2）Y 方向寻边器对刀

Y 方向对刀采用同样的方法。得到工件中心的 Y 坐标，记为 Y0。

按 刀补 键—按 坐标 软键，半光标移至 G54 坐标 Y 处，输入 Y0 并按 测量 软键，系统自动计算并保存 Y 偏置值。

完成 X、Y 方向对刀后，卸下寻边器。

2. Z 方向对刀

按 刀补 键—按 坐标 软键，将光标移至 G54 坐标 Z 处，输入 0 并按输入键，将 Z 偏置值设为零。

试切法 Z 轴对刀。

立式加工中心 Z 轴对刀时首先要将选定的刀具放置在主轴上，再逐把对刀。

将操作面板中模式旋钮切换到"手轮"方式，使刀具慢慢靠近毛坯上表面，靠近过程中越近要越慢，当刀具刚刚接触毛坯（声音变化或有切屑飞出），记下此时 Z，此为工件表面处 $Z0$ 的坐标值。

通过对刀得到的坐标值（X，Y，Z）即为工件坐标系原点在机床坐标系中的坐标值。

按 刀补 键—按 刀具 软键，将光标移至所对的刀号，在 H 栏输入 Z0，按 测量 软键，系统自动计算并保存该刀号的长度补偿值。

注意：因为每把刀的加工位置都是主轴的中心位置，因此，X、Y 对刀只需对一次，不用每把刀都对；但由于每把刀长度不同，所以 Z 方向都要对刀。

（三）加工中心程序输入

将工作方式切换到编辑状态并分别建立和输入 O0011、O0001、O0002 、O0003 加工程序，各种程序的加工内容和刀具、工艺参数如表8-1所示。

表 8-1　刀具卡（1）

刀号	刀具类型	加工内容	子程序号	主轴转速	进给速度
T1	$\phi10$ 平底立铣刀	铣轮廓	O0001	800	200
T2	$\phi5$ 中心钻	钻中心孔	O0002	1000	100
T3	$\phi8$ 钻头	钻孔	O0003	1000	100
主程序号		O0011	备注		用主程序调用各子程序

（四）调用程序自动运行

1. 调用程序

在编辑方式—按程序键—按 O0011—按 O 检索软键，即调用了 O0011 程序（主程序），由主程序分别调用 O0001、O0002、O0003 子程序。

2. 自动运行

切换到自动运行方式，按循环启动键，程序自动运行加工。

各加工程序如下。

```
O0011(主程序)
M98P0001(调用 O0001 子程序)
M98P0002(调用 O0002 子程序)
M98P0003(调用 O0003 子程序)
M30
%

O0001(铣轮廓子程序)
G40G49G80G90
M6T1
G54
G00X0Y0Z50H1
M03S800
X-40Y-70
Z5
G01Z-5F100
Y-20G41D01F200
Y-11
G02X-17Y-8R3
G03Y8R8
G02X-20Y11R3
G01Y20,R4
X20,R4
Y11
G02X17Y8R3
G03Y-8R8
G02X20Y-11R3
G01Y-20,R4
X-20,R4
Y0
G00Z50
X0G40
M99
%

O0002(钻中心孔子程序)
G40G49G80G90
M6T2
G54
G00X0Y0Z50H2
M03S1000
G99G81X-17Y0Z-5R5F100
G98X17
```

```
G80
G00X0Y0
M99
%

O0003（钻孔子程序）
G40G49G80G90
M6T3
G54
G00X0Y0Z50H3
M03S1000
G99G83X－17Y0Z－32Q－10R5F100
G98X17
G80
G00X0Y0
M99
%
```

任务2 加工中心编程

任务目标

了解加工中心编程特点，掌握加工中心编程及加工方法。

任务要求

制定加工中心加工图 8-5 工件的工艺并编写程序。

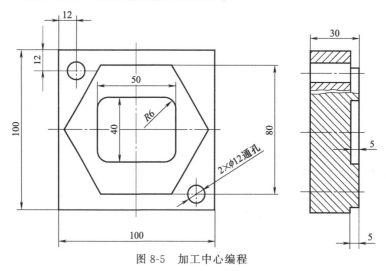

图 8-5 加工中心编程

任务分析

数控铣床与加工中心加工方法相似，加工中心是在数控铣的基础上增加了自动换刀装置，在此要着重了解数控加工中心的编程特点，重点掌握换刀指令和长度补偿指令。本任务要加工上表面、内外轮廓，钻中心孔、钻孔及铰孔（孔要求精度较高）。

相关知识

一、加工中心的编程特点

加工中心是在数控铣的基础上增加了自动换刀装置，加工中心是典型的集高新技术于一体的机械加工设备，它的发展代表了一个国家设计和制造业的水平，在国内外企业界受到高度重视，已成为现代机床发展的主流和方向。

一般使用加工中心加工的工件形状复杂、所需工序多，使用的刀具种类也多，往往一次装夹后要完成粗加工、半精加工到精加工的全部过程，因此程序比较复杂。在编程时要考虑以下问题。

① 仔细地对图样进行工艺分析，确定合理的工艺路线。

② 根据加工要求、批量等情况，决定采用自动换刀还是手动换刀。一般情况下，当加工批量在 10 件以上，而刀具更换又比较频繁时，以采用自动换刀为宜；但当加工批量很小，而使用的刀具种类又不多时，把自动换刀安排在程序中，反而会增加机床调整时间。

③ 要留出足够的自动换刀空间，以避免刀具与工件或夹具发生碰撞，换刀位置建议设置在机床原点。

④ 为提高机床利用率，尽量采用刀具机外预调，并将测量尺寸填写到刀具卡片中，以便于操作者在运行程序前及时修改刀具补偿参数。

⑤ 为便于检查和调试程序，尽量将各工序内容分别安排到不同的子程序中，主程序主要完成换刀及子程序的调用，这样可使程序简单而清晰。

⑥ 对于编制好的程序，必须进行认真检查，并于加工前安排好试运行。从编程的出错率来看，采用手工编程比自动编程出错率高，特别是在生产现场为临时加工而编程时，出错率更高，认真检查程序并安排好试运行就更为必要。

二、FANUC 0i Mate 系统的加工中心编程指令

（一）刀具功能

数控铣床因无 ATC，必须采用人工换刀，所以 T 功能只用于加工中心。数控铣床加工程序与加工中心加工程序的主要区别在换刀指令。通过对换刀指令的判别，可知加工程序是在何种机床上使用的程序。数控铣床与加工中心在工序能力上是基本相同的。

由于加工中心的自动换刀一般包括选刀和换刀两个动作，因此对应着有两个指令，即刀具选择 T 指令和刀具交换 M06 指令。

1. 刀具选择指令（T 指令）

刀具的选择是把刀库上指定了刀号的刀具转到换刀位置，为下次换刀做好准备。这一动作的实现是通过选刀指令（T 功能指令）来实现的。T 功能指令用"T××"表示，即选刀指令用字母 T 表示，其后是所选刀具的刀具号（允许有两位数，最大允许为 99，如选用 1 号刀，则写为"T01"或"T1"均可）。

2. 刀具交换指令（M06 指令）

加工中心使用选择刀具 T 指令时，并不发生实际换刀，程序中必须使用辅助功能 M06

指令时才可实现换刀，即刀具的交换是指将刀库上位于换刀位置的刀具与主轴上的刀具进行调换。

在程序调用换刀指令 M06 前，通常要有一个安全的使用条件。只有在具备下列条件时才可以安全地进行自动换刀。

① 机床轴已经回零。即 Z 轴位于机床原点。

② 必须在非工作区域选择刀具的 X 轴和 Y 轴位置。

3. 自动换刀程序的编制

当需要自动换时，输入 M06T01（可简写为 M6T1），机床即自动回到固定的换刀点（系统设定），主轴准停（如图 8-6 所示，准确停止使刀架槽口与主轴上的键对正）和自动换刀。

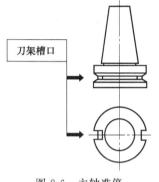

图 8-6　主轴准停

回换刀点的过程应注意避免碰撞，可用 G28 指定中间点。

（二）刀具半径补偿

在数控铣床中，由于数控系统控制的是刀具中心的运动轨迹，为简化编程，需按零件的轮廓尺寸编程，因此使用了刀具半径补偿功能。加工中心的刀具半径补偿使用与数控铣床相同，此处不再赘述。

（三）刀具长度补偿

1. 刀具长度补偿在加工中心的应用与意义

在数控铣床上需要用刀具长度补偿功能补偿刀具的磨损，加工中心也有同样的需要，而且由于在加工中心上能自动换刀，那么当在一个零件的加工中需要用到多把刀时，还产生了新的问题，就是每把刀具的长度总会有所不同，因而在同一个坐标系内，在 Z 值不变的情况下，可能每把刀具的端面在 Z 方向的实际位置有所不同，这给编程带来了困难。

如果采用刀具长度补偿功能，则可在编程时将每把刀具的长度看成是相同的来进行编程。而在实际加工操作中则可将一把刀作为标准刀具，以此为基准，将其他刀具长度相对于标准刀具长度的增加值或减少值作为补偿值（即当前刀具与标准刀的长度差值）记录在机床数控系统的某个单元内。在调用程序进行加工时，当刀具做 Z 方向运动时，数控系统将通过刀具补偿功能根据已记录的补偿值对每把刀具作相应的修正，以使每把刀具的端面在 Z 方向的实际位置一致。

如图 8-7 所示，T01 刀为标准刀，L_0 为标准刀的长度；T02、T03 为当前刀，ΔL_2 为 2 号刀的长度补偿值，ΔL_3 为当前 3 号刀的长度补偿值，图 8-7 中，ΔL_3 为负值。

设当前刀的长度为 L_s，标准刀的长度为 L_0，则当前刀的长度补偿值为 $\Delta L_s = L_s - L_0$。

若 $\Delta L_s > 0$，则表示当前刀比标准刀长；

若 $\Delta L_s < 0$，则表示当前刀比标准刀短。

2. 刀具长度补偿值的获取方法

刀具长度补偿值可通过以下两种方法获得。

方法 1：将其中一把刀具作为基准刀，其长度补偿值为零，其他刀具的长度补偿值为其与基准刀的长度差值（可通过机外设一固定平面

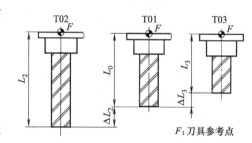

图 8-7　刀具补偿值

对刀测量），此时应先用基准刀 Z 对刀，并将 Z 偏置值测量后自动计算并保存在工件坐标系（G54）的参数中。

方法 2：不设基准刀，将工件坐标系（G54）中 Z 值的偏置值设定为零，通过机内对刀

测量出每把刀具 Z 偏值，将其作为每把刀具的长度补偿值。

3. 刀具长度补偿指令

指令格式：G43（或 G44）X—Y—H—

其中，G43 为正向补偿，G44 为负向补偿，X、Y 为补偿轴的编程坐标，平面 H 为指定的偏置号（即刀具长度补偿号的代码，它是存放刀具长度补偿值的内存地址，H00 的补偿值固定为 0）。

说明：

① 机床通电后默认为取消长度补偿状态。

② 在使用 G43 或 G44 指令进行刀长补偿时，只能有 Z 轴移动，若有其他轴向的移动，则会出现报警。

③ 刀具长度补偿只能在线性程序段才有效，即 G00 和 G01 方式。

④ 实际使用时，鉴于习惯，一般仅使用 G43 指令，而 G44 指令使用得较少。正或负方向的移动，靠变换 H 代码的正负值来实现。

⑤ 补偿值存入由 H 代码指定的内存地址中，可由在对刀时测量自动保存。

4. 刀具长度补偿的取消

取消刀具长度补偿有两种方法：

① 用 H00 取消，H00 地址中的值总是为零；

② 用 G49 代码取消，G49 是取消刀具长度补偿的代码，作用是使模态代码 G43、G44 无效，但不会取消 H 字。

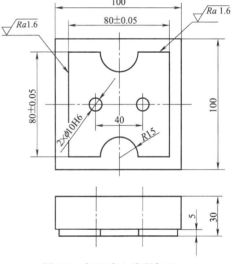

三、FANUC 0i Mate 加工中心编程

例 8-1 编制图 8-8 加工中心加工程序，要求：

① 铣平面；

② 铣轮廓；

③ 钻中心孔；

④ 钻孔；

⑤ 铰孔。

刀具卡见表 8-2。

图 8-8　加工中心编程加工

表 8-2　刀具卡（2）

刀号	刀具类型	加工内容	子程序号	主轴转速	进给速度
1	ϕ60 面铣刀	铣上表面	O0001	600	80
2	ϕ10 平底立铣刀	铣轮廓	O0002	800	200
3	ϕ5 中心钻	钻中心孔	O0003	1000	100
4	ϕ9.8 钻头	钻孔	O0004	1000	100
5	ϕ10 铰刀	铰孔	O0005	80	50
主程序号		O0011	备注		用主程序调用各子程序

主程序为：

O0011

M98P0001　　　（调用 O0001 子程序）

M98P0002　　　（调用 O0002 子程序）

M98P0003　　　　（调用O0003子程序）
M98P0004　　　　（调用O0004子程序）
M98P0005　　　　（调用O0005子程序）
M30
％

O0001（铣平面子程序）
G40G49G80G90　　　　　　　　初始化
M6T1　　　　　　　　　　　　换1号刀
G54
G00X0Y0Z50H1　　　　　　　　调用1号长度补偿
M03S500
X－85Y25
Z5
G01Z－1F100
X55
Y－25
X－55
G00Z50
X0Y0
M99
％

O0002（铣轮廓子程序）
G40G49G80G90　　　　　　　　初始化
M6T2　　　　　　　　　　　　换2号刀
G54
G00X0Y0Z50H2　　　　　　　　调用2号长度补偿
M03S800
X－40Y－70
Z5
G01Z－5F100
Y－40G41D02　　　　　　　　　调用2号半径补偿
Y40
X－15
G03X15R15
G01X40
Y－40
X15
G03X－15R15
G01Z－60
G00Z50
X0Y0G40
M99

%

O0003（钻中心孔子程序）

G40G49G80G90	初始化
M6T3	换 3 号刀
G54	
G00X0Y0Z50H3	调用 3 号长度补偿
M03S1000	
G99G81X－20Y0Z－5R5F100	
G98X20	
G80	
G00X0Y0	
M99	

%

O0004（钻孔子程序）

G40G49G80G90	初始化
M6T4	换 4 号刀
G54	
G00X0Y0Z50H4	调用 4 号长度补偿
M03S1000	
G99G83X－20Y0Z－32Q－10R5F100	
G98X20	
G80	
G00X0Y0	
M99	

%

O0005（铰孔子程序）

G40G49G80G90

M6T5

G54

G00X0Y0Z50H5

M03S80

G99G81X－20Y0Z－32R5F40

G98X20

G80

G00X0Y0

M99

%

任务3 加工中心综合件加工及检验

任务目标

掌握加工中心的工艺制定，刀具选择及编程。

任务要求

制定项目工件（图8-1）的加工工艺，选择刀具、测量工具，编程加工，列出加工质量检验表（毛坯为 $\phi80 \times 16$ 圆钢）。

任务分析

加工中心与数控铣床加工方法相似，加工中心是在数控铣的基础上增加了自动换刀装置，在此要着重了解数控加工中心的编程特点，重点掌握换刀指令和长度补偿指令。本任务要先铣出装夹位，加工上表面、各轮廓，钻中心孔、钻孔及铰孔（孔要求精度较高）。注意有公差要求的尺寸。

刀具卡见表8-3。

表 8-3 刀具卡（3）

刀号	刀具类型	加工内容	子程序号	主轴转速	进给速度
T1					
T2					
T3					
T4					
T5					
主程序号		备注			

平面类零件 UG 自动编程加工

学习目标

1. 知识目标

掌握二维零件 UG 软件建模、UG 加工模块中的平面铣、平面轮廓铣刀路线编制和后处理生成 G 代码程序。

2. 技能目标

熟练掌握数控铣床自动编程的刀具及工艺参数选择、程序传输及加工操作。

项目实施

本项目下设两个任务，任务 1 完成图 9-1 所示工件造型，任务 2 对已完成的造型选择加工方法，制定加工工艺，设置加工参数，进行后处理自动编程完成数控加工。

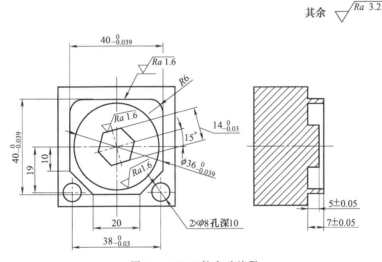

图 9-1　2D 工件自动编程

任务1　平面零件建模

任务目标

了解自动编程特点和常用自动编程软件，学习和应用 UG 软件加工模块中的草图、拉伸等命令。

任务要求

完成图 9-1 零件建模。

任务分析

毛坯使用 $50×50×20$ 长方体，使用 UG 软件中的草图和拉伸命令即可为零件建模。

相关知识

一、自动编程概述

所谓自动编程就是借助计算机及其外围设备自动完成零件图构造、零件加工程序编制等工作的一种编程方法，也称作计算机辅助编程。与手工编程相比，自动编程速度快、质量好，这是因为自动编程具有以下主要特点。

1. 数学处理能力强

对于轮廓形状不是由简单的直线、圆弧组成的复杂零件，特别是空间曲面零件，以及几何形状虽不复杂、但程序量很大的零件，计算则相当烦琐，采用手工程序编制是难以完成的。例如，对一般的二次曲线轮廓，手工编程必须采用直线或圆弧逼近的方法，算出各节点的坐标值，其中列算式、解方程，虽说能借助计算器进行计算，但工作量之大是难以想象的。而自动编程借助于系统软件强大的数学处理能力，人们只需给计算机输入二次曲线的描述语句，计算机就能自动计算出加工曲线的刀具轨迹，快速而又准确。功能较强的自动编程系统还能处理手工编程难以胜任的二次曲面和特种曲面。

2. 能快速、自动生成数控程序

对非圆曲线的轮廓加工，手工编程即使解决了节点坐标的计算，也往往因为节点数过多，程序段很大而使编程工作既慢又容易出错。自动编程的优点之一，就是在完成刀具运动轨迹的计算之后，后置处理程序能在极短的时间内自动生成数控程序，且数控程序不会出现语法错误。当然自动生成程序的速度还取决于计算机硬件的档次，档次越高，速度越快。

3. 后置处理程序灵活多变

同一个零件在不同的数控机床上加工，由于数控系统的指令形式不尽相同，机床的辅助功能也不一样，伺服系统的特性也有差别。因此，数控程序也是不一样的。但在前置处理过程中，大量的数学处理、轨迹计算却是一致的。这就是说，前置处理可以通用化，只要稍微改变一下后置处理程序，就能自动生成适用于不同数控机床的数控程序来，后置处理相比前置处理，工作量要小得多，程序简单得多，因而它灵活多变。对于不同的数控机床，取用不同的后置处理程序，等于完成了一个新的自动编程系统，极大地扩展了自动编程系统的使用范围。

4. 程序自检、纠错能力强

复杂零件的数控加工程序往往很长，要一次编程成功、不出一点错误是不现实的。手工编程时，可能书写笔误，可能算式有问题，也可能程序格式出错，靠人工检查一个个错误是困难的，费时又费力。采用自动编程，程序有错主要是原始数据不正确而导致刀具运动轨迹有误，或刀具与工件干涉，或刀具与机床相撞等。但自动编程能够借助于计算机在屏幕上对数控程序进行动态模拟，连续、逼真地显示刀具的加工轨迹和零件的加工轮廓，发现问题及时修改，快速又方便。一般在前置处理阶段计算出刀具运动轨迹以后立即进行动态模拟检查，确定无误以后再进入后置处理，编写出正确的数控程序来。

5. 便于实现与数控系统的通信

自动编程系统可以利用计算机和数控系统的通信接口，实现编程系统的通信。编程系统可以把自动生成的数控程序经通信接口直接输入数控系统，控制数控机床加工，无需再制备穿孔纸带等控制介质，而且可以做到边输入，边加工，不必担心数控系统内存不够大，免除了将数控程序分段。自动编程的通信功能进一步提高了编程效率，缩短了生产周期。自动编程技术优于手工编程，这是不容置疑的。但是，并不等于说凡是编程必须自动编程。编程方法的选择，必须考虑被加工零件形状的复杂程度、数值计算的难度和工作量的大小、现有设备条件，以及时间和费用等诸多因素。一般说来，加工形状简单的零件，例如点位加工或直线切削零件，用手工编程所需的时间和费用与计算机自动编程所需的时间和费用相差不大，这时采用手工编程比较合适。否则，不妨考虑选择自动编程。

二、自动编程系统的内容和操作步骤

在数控自动编程系统中，目前国内外普遍采用的是 CAD/CAM 一体化（即计算机辅助设计与制造一体化技术）集成形式的软件，它具有速度快、精度高、直观性好、使用简便、便于检查等优点，其编程内容和操作步骤如下：

① 分析加工零件；

② 对加工零件进行几何造型；

③ 确定工艺步骤并选择合适的刀具；

④ 刀具轨迹的生成及编辑；

⑤ 刀具轨迹的验证；

⑥ 后置处理。

三、典型自动编程软件介绍

常见的 CAD/CAM 软件有：国内北航海尔软件有限公司的 CAXA 软件、美国 UNI-GRAPHICS 公司的 UG 软件、美国 PTC 公司的 Pro/Engineer 软件、以色列的 Cimatron 软件、美国 CNC 软件公司的 MasterCAM 软件等。

1. CAXA 制造工程师

CAXA 制造工程师是由中国北京北航海尔软件有限公司研制开发的全中文、面向数控铣床和加工中心的三维 CAD/CAM 软件，具有线框造型、曲面造型和实体造型的设计功能，具有生成二至五轴加工代码的数控加工功能，可用于加工具有复杂三维曲面的零件。其特点是易学易用、价格较低，已在国内部分企业、院校及研究院中得到应用。

2. UG 软件

UG 软件即 Unigraphics NX，由美国 UNIGRAPHICS 公司开发经销，是现今自动编程软件（CAD/CAM）中功能最丰富、性能最优越的软件之一。

3. MasterCAM

MasterCAM 是由美国 CNC 软件公司开发的，是国内引进最早的 CAD/CAM 软件。它具有很强的加工功能，尤其在对复杂曲面自动生成加工代码方面，具有独到的优势。由于 MasterCAM 主要针对数控加工，其零件的设计造型功能不强，但对硬件的要求不高，操作灵活、易学易用、价格较低，因此受到众多企业的欢迎。在 CAD/CAM 的教学中，Master-CAM 也是最合适的普及型软件。

四、UG 自动编程软件介绍和应用

(一) UG 软件常用模块及功能

1. 建模模块

建模功能用于 UG 建立三维模型的工作环境，在此环境中，可以通过实体建模、特征建模、自由曲面建模及 UG/WM 等方法建立各种实体模型。

2. 制图模块

使用该功能可以方便地将三维实体模型投影成工程上用的三视图，即工程图，用来进行加工与装配或其他操作。UG 支持多种制图标准，如 ANSI/ASME、DIN、ISO、JSIS 及我国的 GB 制图标准，可以快速地产生包括主视图、俯视图等视图以及剖视图、局部放大视图等工程视图。

3. 加工模块

使用加工功能可以进行加工仿真、后置处理等，经过后置处理产生的加工程序适合于车、铣、加工中心、线切割等机床的操作。加工模块是 UG 的一个十分强大的功能模块，其生成的刀路与程序效率高、质量好，特别是对复杂曲面的加工，尤其具有优势。

4. 分析模块

分析模块可以对 UG 的零件和装配结构进行线性静力分析、模态分析和稳定分析，可对设计的产品尺寸进行优化，可以完成大量的装配分析工作，如最小距离、干涉检查、轨迹包络等，允许同时控制 5 个运动副，用图形表示各构件的位移、速度、加速度的相互关系等。

5. 装配模块

提供并行的自上至下和自下至上的产品装配设计方法，可快速地增加零件与定位零件，可对零件进行编辑、装配，并可新建零件。

(二) UG 二维工件造型

① 启动 UG 软件，进入建模状态，选择下拉菜单【插入】/【设计特征】/【长方体】，系统弹出"块"对话框（图 9-2）。

② 在"块"对话框输入参数、完成基础特征的创建，如图 9-3 所示。

图 9-2 "块"对话框

图 9-3 基础特征

③ 选择下拉菜单【插入】/【草图】，定义基础特征 1 上表面为草图平面，绘制如图 9-4 截面草图，单击【完成草图】，退出草图环境。

选择下拉菜单【插入】/【设计特征】/【拉伸】，选择"曲线 1"和"曲线 2"，在"拉伸"对话框【极限】中距离输入 7.0，完成拉伸特征 1，如图 9-5 所示面 1 拉伸体。

选择下拉菜单【插入】/【设计特征】/【拉伸】，选择"曲线 3"，在"拉伸"对话框【极限】中距离输入 5.0，完成拉伸特征 2，如图 9-5 所示面 2 拉伸体。

保存完成的零件模型。

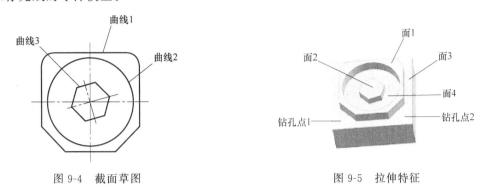

图 9-4　截面草图　　　　　　　　　图 9-5　拉伸特征

任务 2　后处理自动编程加工

任务目标

学习 UG 软件加工模块中的平面铣、平面轮廓铣等命令，选择刀具及加工工艺，进行后处理自动编程。

任务要求

完成图 9-1 零件加工工艺制定和自动编程加工。

任务分析

毛坯使用 50×50 铝件，以底面为基准安装在机床工作台上，工件上表面中心为加工坐标系原点，创建平面铣加工。

相关知识

参考步骤：
① 设置加工基本环境；
② 确定加工坐标系在工件的上表面；
③ 使用"平面铣" 粗加工；
④ 使用"表面区域铣" 精加工底面；
⑤ 使用"平面轮廓铣" 精加工侧壁；
⑥ 使用"钻孔" 钻两个孔；
⑦ 生成刀具轨迹及后处理。

一、粗加工

① 启动 UG 软件，打开零件模型。

② 进入加工模块：单击【开始】/【加工】选项，进入"加工"模块。

③ 设置加工环境：如果是初次进入"加工"模块，系统自动弹出"加工环境"对话框，按如图 9-6 所示进行初始化，单击【确定】按钮。

④ 设定操作导航器：单击资源条中的"操作导航器"  按钮，弹出"工序导航器"，单击右键，在快捷菜单中单击【几何视图】选项，单击"＋"展开，如图 9-7 所示。

图 9-6 "加工环境"对话框

图 9-7 几何视图

⑤ 设定坐标系和安全高度：在"操作导航器"中双击 MCS_MILL ，弹出"Mill Orient"对话框，如图 9-8 所示。在"机床坐标系"选项中，单击按钮，弹出"CSYS"对话框，如图 9-9 所示，在模型中选择上表面圆弧圆心作为加工坐标系（MCS）原点，单击【确定】按钮。

图 9-8 "Mill Orient"对话框

图 9-9 "CSYS"对话框

⑥ 创建毛坯几何体：在"操作导航器"中双击 WORKPIECE，弹出"铣削几何体"对话框，如图 9-10 所示。单击 按钮，弹出"部件几何体"对话框，选择如图 9-1 所

示零件为部件,单击【确定】按钮,单击按钮,弹出"毛坯几何体"对话框,选择"包容块"作为毛坯,单击【确定】按钮,返回"工件"对话框,单击【确定】按钮,完成创建。

⑦ 创建刀具:单击 按钮,进入"创建刀具"对话框,按如图 9-11 所示选择刀具子类型,并输入名称"E8",单击【确定】按钮。进入铣刀参数设置对话框,在【直径】栏中输入 8.0,单击【确定】按钮。按同样操作,创建直径为 10.0 的"E10"刀具。

图 9-10　创建毛坯几何体

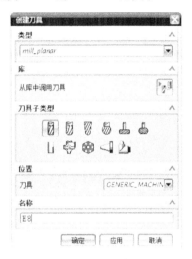

图 9-11　刀具创建过程

⑧ 建立平面铣操作:单击【插入】/【操作】,进入"创建工序"对话框,按如图 9-12 所示进行设置,进行平面铣加工操作,单击【确定】按钮,进入"平面铣加工操作"对话框。

⑨ 选取部件几何图形:在"平面铣"对话框的"几何体"选项组中,单击 按钮,进

图 9-12　"创建工序"对话框

图 9-13　创建部件边界参数设置

入"边界几何体"对话框，如图 9-13 所示，将图 9-5"面 1"和"面 2"选择为【曲线/边】。完成部件边界设置。

⑩ 选取毛坯几何图形：单击 按钮，进入"指定毛坯边界"对话框，选择"面 3"作为毛坯边界，单击【确定】按钮。再次单击 按钮，进入"编辑边界"对话框，按如图 9-14 所示进行设置，【平面】类型选择"用户定义"，进入"平面"对话框，选择图 9-5"面 3"，【偏置】距离输入 7.0，如图 9-15 所示，单击【确定】按钮。返回到"编辑边界"对话框，单击【确定】按钮完成毛坯边界设置。

图 9-14 毛坯几何体选择

图 9-15 平面偏置对话框

⑪ 设置底平面：在"平面铣"主界面中单击 按钮，进入"平面"对话框，选择"面 3"，单击【确定】按钮，完成设置。

⑫ 选择切削方式及切削用量：在"平面铣"主界面"刀轨设置"选项卡中按如图 9-16 所示进行设置。

图 9-16 设置切削模式及步距

图 9-17 设置自动进刀/退刀参数

⑬ 设置非切削移动：在"刀轨设置"选项卡中单击 按钮，系统弹出"非切削移动"对话框，选择"进刀"选项卡，在"封闭区域"选项组中设置"斜坡角"为 5，其他参数按如图 9-17 所示进行设置，单击【确定】按钮完成。

⑭ 设置切削参数：在"刀轨设置"选项卡中单击 按钮，弹出"切削参数"对话框，"切削顺序"为【深度优先】，"部件余量"为 0.4，"最终底部面余量"为 0.2，其他参数按如图 9-18 所示进行设置，单击【确定】按钮完成。

(a) (b) (c)

图 9-18　设置切削参数

⑮ 设置切削深度：在"刀轨设置"选项卡中单击 按钮，进行如图 9-19 所示设置，单击【确定】按钮完成。

⑯ 设置进给参数：在"刀轨设置"选项卡中单击 按钮，按如图 9-20 所示设置参数，单击【确定】按钮完成。

图 9-19　设置切削深度参数　　　　图 9-20　设置进给和速度参数

⑰ 生成刀具轨迹：在"平面铣"对话框中单击"生成"图标 ，计算生成粗加工刀具轨迹，如图 9-21 所示。

二、精加工底面

① 建立平面铣操作：单击按钮 或单击【插入】/【操作】，进入"创建操作"对话框，按如图9-22所示进行平面铣加工操作，单击【确定】按钮，进入"面铣削区域"对话框，如图9-23所示。

② 指定切削区域：在"面铣削区域"对话框的"几何体"选项组中，单击 按钮，进入如图9-24所示"切削区域"对话框。选择如图9-25所示"面3"和"面4"作为加工区域，单击【确定】按钮，完成面选择。

③ 选择切削方式及切削用量：在"面铣削区域"对话框的"刀轨设置"选项组中，按如图9-26所示进行设置。

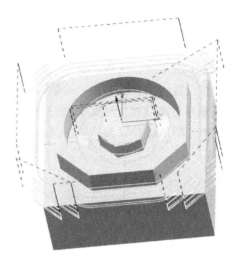

图 9-21 粗加工刀具轨迹

图 9-22 "创建操作"对话框

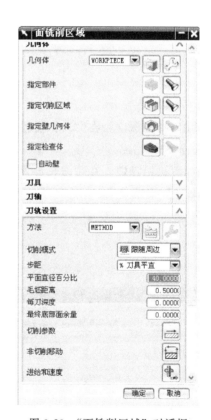

图 9-23 "面铣削区域"对话框

④ 设置切削参数：在"刀轨设置"选项组中单击按钮 ，按如图9-27所示进行设置，单击【确定】按钮完成。

⑤ 设置非切削移动：在"刀轨设置"选项组中单击 按钮，按如图9-28所示进行设置，单击【确定】按钮完成。

⑥ 设置进给参数：在"刀轨设置"选项组中单击 按钮，进行如图9-29所示设置，单击【确定】按钮完成。

图 9-24 "切削区域"对话框

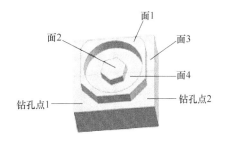

图 9-25 选择加工区域

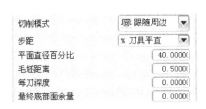

图 9-26 设置切削模式及步距

图 9-27 设置切削参数

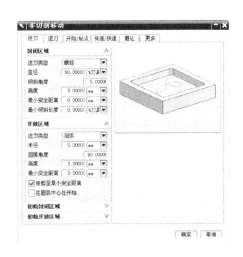

图 9-28 设置自动进刀/退刀参数

图 9-29 设置进给和速度参数

⑦ 生成刀具轨迹：在"面铣削区域"对话框的"操作"选项组中单击图标 ，计算生成刀具轨迹，如图 9-30 所示。

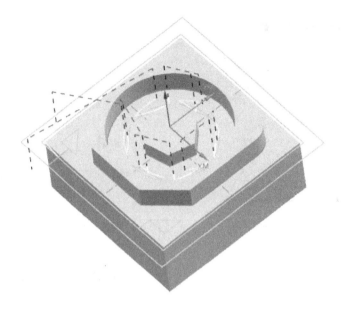

图 9-30　底面精加工刀具轨迹

三、精加工侧壁

① 在资源条中单击按钮 ，弹出 "操作导航器"，单击右键在快捷菜单中单击【程序顺序视图】选项，打开 "＋" 按钮展开 "PROGRAM" 下级菜单，选择 "PLANAR_MILL" 程序，单击右键，选择【复制】，选择 "PROGRAM" 单击右键，选择【内部粘贴】，如图 9-31 所示。由于是复制了上一个程序操作，所以程序 "PLANAR_MILL_COPY" 继承了 "PLANAR_MILL" 程序中的一系列参数，如工件、毛坯、切削方式、切削参数、非切削移动等参数。所以只要双击 "PLANAR_MILL_COPY" 就可以修改适合于精加工侧壁的参数。

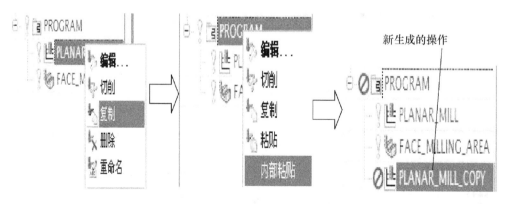

图 9-31　程序复制操作步骤

② 选择切削方式及切削用量：在 "刀轨设置" 选项组中按如图 9-32 所示进行设置。

③ 设置非切削移动：单击 按钮，按如图 9-33 所示进行设置，单击【确定】按钮。

④ 设置切削参数：单击 按钮，按如图 9-34 所示进行设置，单击【确定】按钮。

⑤ 设置切削深度：单击 按钮，进行如图 9-35 所示设置，单击【确定】按钮。

图 9-33　设置自动进刀/退刀参数

图 9-32　设置切削模式及步距

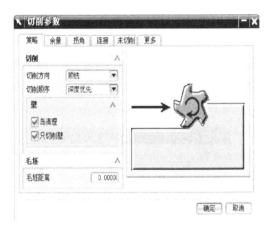

图 9-34　设置切削参数

⑥ 设置进给参数：单击🔧按钮，进行如图 9-36 所示设置，单击【确定】按钮。

⑦ 生成刀具轨迹：在"操作"选项组中单击图标，计算生成刀具轨迹，如图 9-37 所示。

四、钻孔加工

① 创建刀具：单击按钮，进入"创建刀具"对话框，按如图 9-38 所示选择刀具子类型，并输入名称"Z8"，单击【确定】按钮。进入铣刀参数设置对话框，在【直径】栏中输入 8.0，单击【确定】按钮。

② 建立钻孔操作：单击按钮，进入"创建工序"对话框，按如图 9-39 所示进行设置，进行钻孔加工操作，单击【确定】按钮，进入"钻孔"对话框。

③ 指定钻孔点：在"钻"对话框的"几何体"选项组中，单击按钮，进入"点到点几何体"对话框，如图 9-40 所示，点击【选择】/【一般点】，弹出如图 9-41 所示对话框，选取图 9-5"钻孔点 1"和"钻孔点 2"，完成钻孔点设置。

图 9-36　设置进给和速度参数

图 9-35　设置切削深度参数

图 9-37　侧壁精加工刀具轨迹

图 9-39　"创建工序"对话框

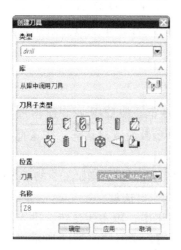

图 9-38　"创建刀具"对话框

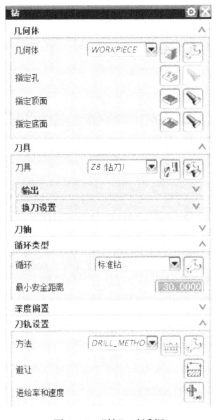

图 9-40　"钻"对话框

图 9-41　创建工序对话框

④ 指定顶面：在"钻"对话框的"几何体"选项组中，单击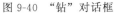按钮，进入"顶面"对话框，如图 9-42，选择"面 3"，单击【确定】按钮，完成钻孔顶面设置。

图 9-42　"顶面"对话框

图 9-43　"平面"对话框

⑤ 指定底面：在"钻"对话框的"几何体"选项组中，单击按钮，进入"底面"对话框，在"底面选项"中选择"平面"，单击按钮，弹出"平面"对话框，在"类型"选项中选择"按某一距离"，如图 9-43，再选择"面 3"，在"偏置"选项中的"距离"中输入-10，如图 9-44，单击【确定】按钮两次，完成底面设置。

⑥ 设置循环控制参数：在"钻孔"对话框的"循环类型"选项组中，单击按钮，系统弹出"指定参数组"对话框，如图 9-45，单击【确定】按钮，系统弹出"Cycle 参数"对话框，如图 9-46，选择"Depth-至底部"选项，单击【确定】按钮，系统弹出"Cycle 深度"对话框，如图 9-47，选择"至底面"选项，单击【确定】按钮两次，回到"钻孔"对话

图 9-44　平面偏置

图 9-45　"指定参数组"对话框

图 9-46　"Cycle 参数"对话框

图 9-47　"Cycle 深度"对话框

图 9-48　设置进给和速度参数

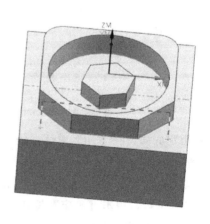

图 9-49　粗加工刀具轨迹

平面类零件 UG 自动编程加工

框，在"最小安全距离"中输入 10.0，完成循环控制参数设置。

⑦ 设置进给参数：在"刀轨设置"选项卡中单击![]按钮，按图 9-48 所示设置参数，单击【确定】按钮完成。

⑧ 生成刀具轨迹：在"钻孔"对话框中单击"生成"图标![]，计算生成粗加工刀具轨迹，如图 9-49 所示。

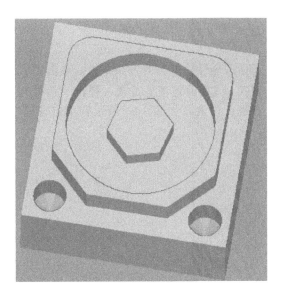

图 9-50 仿真模拟加工

图 9-51 后处理操作步骤

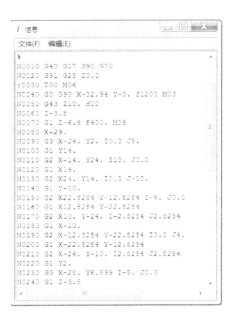

图 9-52 后置处理生成 NC 程序

五、进行仿真模拟加工

在资源条中单击按钮 ，弹出"工序导航器"，在"工序导航器"中选择所有刀轨，单击右键，在快捷菜单中单击【刀轨】/【确认】选项，弹出"可视化刀具轨迹"对话框。选择"2D 动态"选项卡，单击 按钮，完成模拟加工，如图 9-50 所示，观察加工过程是否合理，如果存在问题，再进一步修改参数。

六、后处理

在"操作导航器"中选择需进行后处理的刀具路径，单击"后处理"图标 ，或单击右键，在快捷菜单中单击【刀轨】/【后处理】选项，弹出"后处理"对话框，对所用机床、文件存储位置、单位等内容进行设置，如图 9-51 所示，单击【确定】按钮，生成数控加工 NC 程序，如图 9-52 所示。

项目 10

实体类零件 UG 自动编程加工

学习目标

1. 知识目标

掌握实体类零件 UG 软件建模、UG 加工模块中的型腔铣、等高轮廓铣刀路线编制和后处理生成 G 代码程序。

2. 技能目标

熟练掌握数控铣床曲面加工工艺制定，自动编程程序传输及加工。

项目实施

本项目下设两个任务，任务 1 完成图 10-1 所示实体工件（烟灰缸）的实体造型，任务 2 对已完成的造型选择加工方法，制定加工工艺，设置加工参数，进行后处理自动编程完成数控加工。

图 10-1　曲面零件加工

任务 1　实体零件建模

任务目标

复习和巩固 UG 软件加工模块中的草图、回转、阵列等命令。

任务要求

完成图 10-1 零件建模。

任务分析

毛坯使用 $100 \times 100 \times 50$ 铝件长方体，使用草图、回转、边倒圆、阵列等命令即可完成零件建模。

相关知识

一、绘制截面草图

启动 UG 软件，进入建模状态，选择下拉菜单【插入】/【草图】，定义"XZ"平面为草图平面，绘制如图 10-2 所示截面草图，单击【完成草图】，退出草图环境。

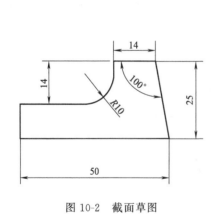

图 10-2　截面草图　　　　　　　　　　图 10-3　"回转"对话框

二、回转截面草图产生实体

选择【部件导航器】/【草图 1】右键/【回转】，弹出"回转"对话框，如图 10-3 进行设置，在【轴】"指定矢量"选项中选择 ，"指定点"选项中选取基准坐标系原点，完成回转产生实体（见图 10-4）。

三、创建边倒圆特征

单击【特征操作】工具条上"边倒圆"图标 或执行【插入】/【细节特征】/【边倒圆】命令，在"边倒圆"对话框中设置半径为 6，点选烟灰缸上表面的两个圆弧，单击"确定"按钮完成边倒圆操作，效果如图 10-5 所示。

图 10-4　回转实体

图 10-5　边倒圆后的烟灰缸

四、移动工作坐标系

选择下拉菜单【格式】/【WCS】/【定向】命令，弹出 "CSYC" 对话框。点选烟灰缸上表面圆弧的中心，设置原点到如图 10-6 所示的位置。

图 10-6　移动工作坐标系

图 10-7　"圆柱" 对话框

五、剪除实体特征

单击 "成型特征" 工具条上 "圆柱" 图标 或执行【插入】/【设计特征】/【圆柱】，弹出圆柱体的对话框，在【轴】"指定矢量" 选项中选择 ，"指定点" 选项中设置点的坐标为：XC＝0，YC＝0，ZC＝0，"尺寸" 选项中设置参数为：直径＝12，高度＝60，如图 10-7 所示。单击 "确定" 按钮，效果如图 10-8 所示。

六、使用阵列面形成烟灰槽

执行【插入】/【关联复制】/【阵列面】命令，弹出 "阵列面" 对话框，如图 10-9 设置。在模型上选择需阵列的面，如图 10-10 中的槽，在【轴】"指定矢量" 选项中选择 ，"指定点" 选项中设置点的坐标为：XC＝0，YC＝0，ZC＝25，单击 "确定" 按钮，这样烟灰槽阵列就制作完成了，效果如图 10-11 所示。

图 10-8　剪除实体

图 10-9　"阵列面"对话框

图 10-10　选择对象

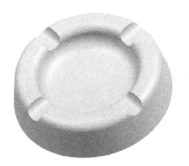

图 10-11　烟灰槽阵列

七、保存完成的零件模型

将完成的零件模型进行保存。

任务2　实体零件编程加工

任务目标

掌握实体加工 UG 自动编程和后处理生成 G 代码程序。

任务要求

完成图 10-1 零件加工工艺制定和自动编程加工。

任务分析

毛坯使用 100×100×50 铝件，以底面为基准安装在机床工作台上，工件上表面中心为加工坐标系原点，创建实体铣削加工。

相关知识

参考步骤：

① 设置加工基本环境；

② 确定加工坐标系在工件的上表面；

③ 使用"型腔铣" 粗加工；

④ 使用"表面区域铣" 精加工底面；

⑤ 使用"等高轮廓铣" 半精加工侧壁；

⑥ 使用"等高轮廓铣" 精加工侧壁曲面（球头铣刀）；

⑦ 使用"等高轮廓铣" 精加工侧壁曲面（平底铣刀）；

⑧ 生成刀具轨迹及后处理。

一、粗加工

① 启动 UG 软件，打开零件模型。

② 进入加工模块：单击【开始】/【加工】选项，进入"加工"模块。

③ 设置加工环境：进入"加工"模块后，系统弹出"加工环境"对话框，如图 10-12 所示。选择"mill＿contour"，单击【确定】按钮，系统完成加工环境的初始化工作。

④ 设定操作导航器：单击资源条中的"操作导航器" 按钮，弹出"工序导航器"，单击右键，在快捷菜单中单击【几何视图】选项，单击"＋"展开，如图 10-13 所示。

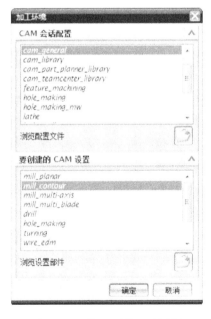

图 10-12 "加工环境"对话框

图 10-13 几何视图

⑤ 设定坐标系和安全高度：在"操作导航器"中双击 MCS_MILL，弹出"Mill Orient"对话框，如图 10-14 所示。在"机床坐标系"选项中，单击 按钮，弹出"CSYS"对话框，如图 10-15 所示，在模型中选择上表面圆弧圆心作为加工坐标系（MCS）原点，单击【确定】按钮。

图 10-14 "Mill Orient" 对话框

图 10-15 "CSYS" 对话框

⑥ 创建几何体：在"操作导航器"中双击 WORKPIECE，弹出铣削几何体对话框，如图 10-16 所示。单击 按钮，弹出"部件几何体"对话框，选择如图 10-1 所示零件为部件，单击【确定】按钮，单击按钮 ，弹出"毛坯几何体"对话框，选择"包容块"作为毛坯，在【极限】选项"ZM＋"中输入 2.0，单击【确定】按钮，返回"工件"对话框，单击【确定】按钮，完成创建。

⑦ 创建刀具：单击 按钮，进入"创建刀具"对话框，按如图 10-17 所示选择刀具子类型，并输入名称"D16"，单击【确定】按钮。进入铣刀参数设置对话框，在【直径】栏中输入 16.0，单击【确定】按钮。按同样操作，创建直径为 6.0 球头铣刀，输入名称"B6"。

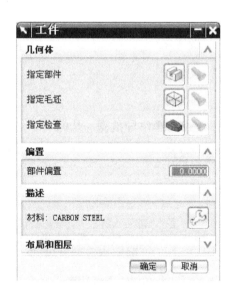

图 10-16 选择毛坯几何体

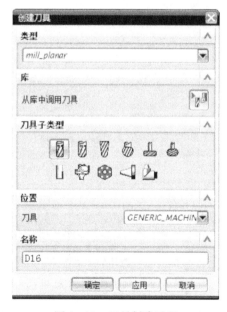

图 10-17 刀具创建过程

⑧ 建立型腔铣操作：单击【插入】/【操作】，进入"创建工序"对话框，按如图 10-18 所示进行设置，进行型腔铣加工操作，单击【确定】按钮，进入"型腔铣"对话框，如图 10-19。

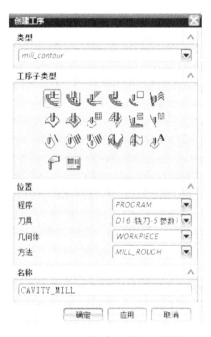

图 10-18 "创建工序"对话框

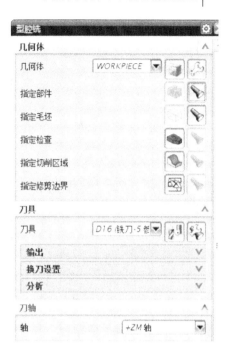

图 10-19 "型腔铣"对话框

⑨ 选择切削方式及切削用量：在"型腔铣"主界面"刀轨设置"选项卡中按如图 10-20 所示进行设置。

⑩ 设置切削参数：在"刀轨设置"选项卡中单击 按钮，弹出"切削参数"对话框，"部件侧面余量"为 1.0，"部件底面余量"为 0.2，其他参数按如图 10-21 所示进行设置，单击【确定】按钮完成。

图 10-20 设置切削模式及步距

图 10-21 设置"余量"参数

⑪ 设置进给参数：在"刀轨设置"选项卡中单击 按钮，按如图 10-22 所示设置参数，单击【确定】按钮完成。

⑫ 生成刀具轨迹：在"平面铣"对话框中单击"生成"图标 ，计算生成粗加工刀具轨迹，如图 10-23 所示。

二、精加工底面

① 建立平面铣操作：单击按钮 或单击【插入】/【操作】，进入"创建工序"对话框，

图 10-22　设置进给和速度参数

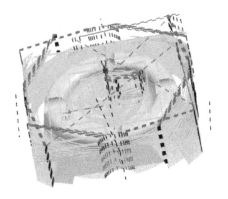

图 10-23　粗加工刀具轨迹

按如图 10-24 所示进行平面铣加工操作，单击【确定】按钮，进入"面铣削区域"对话框，如图 10-25 所示。

图 10-24　"创建工序"对话框

图 10-25　"面铣削区域"对话框

② 指定切削区域：在"面铣削区域"对话框的"几何体"选项组中，单击 ⬚ 按钮，进入"切削区域"对话框。选择烟灰缸上表面和底面平面部分作为加工区域，单击【确定】按钮，完成切削区域选择。

③ 选择切削方式及切削用量：在"面铣削区域"对话框的"刀轨设置"选项组中，按如图 10-26 所示进行设置。

④ 设置切削参数：在"刀轨设置"选项组中单击按钮 ⚏ ，按如图 10-27 所示进行设置，单击【确定】按钮完成。

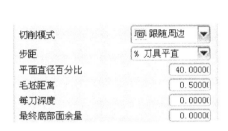

图 10-26 设置切削模式及步距　　　　　　　　图 10-27 设置切削参数

⑤ 设置非切削移动：在"刀轨设置"选项组中单击 ⚏ 按钮，按如图 10-28 所示进行设置，单击【确定】按钮完成。

⑥ 设置进给参数：在"刀轨设置"选项组中单击 ⚏ 按钮，进行如图 10-29 所示设置，单击【确定】按钮完成。

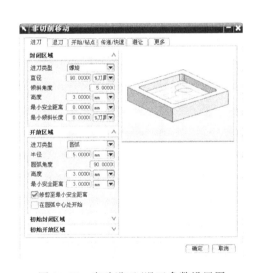

图 10-28 自动进刀/退刀参数设置图　　　　　　图 10-29 设置进给和速度参数

⑦ 生成刀具轨迹：在"面铣削区域"对话框的"操作"选项组中单击图标 ⚏ ，计算生成刀具轨迹，如图 10-30 所示。

三、半精加工侧壁

① 创建深度加工轮廓操作：单击按钮 ⚏ ，进入"创建工序"对话框，按如图 10-31 所

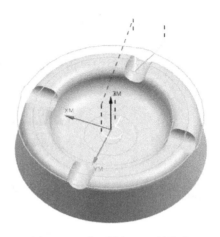

图 10-30　底面精加工刀具轨迹

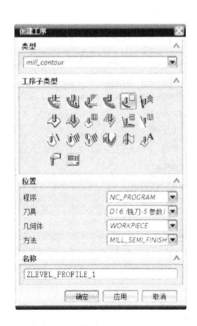

图 10-31　"创建工序"对话框

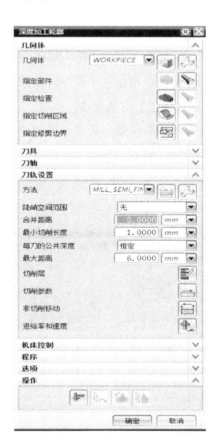

图 10-32　"深度加工轮廓"对话框

示进行"位置"选项设置，进行型腔铣加工操作，单击【确定】按钮，进入"深度加工轮廓"对话框，如图 10-32 所示。

②　选择切削方式及切削用量：在"刀轨设置"选项组中按图 10-33 所示进行设置。

③　设置非切削移动参数：单击按钮 ，按如图 10-34 所示进行设置，单击【确定】按钮。

④　设置进给参数：单击 按钮，进行如图 10-35 所示设置，单击【确定】按钮。

图 10-33　设置切削模式及步距　　　　　　图 10-34　设置非切削移动参数

⑤ 生成刀具轨迹：在"操作"选项组中单击图标 ![icon]，计算生成刀具轨迹，如图 10-36 所示。

图 10-35　设置进给和速度参数

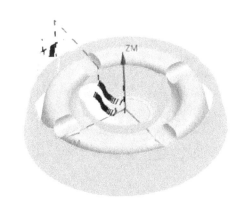

图 10-36　半精加工曲面刀具轨迹

四、精加工侧壁曲面（球头铣刀）

① 在资源条中单击按钮 ![icon]，弹出"工序导航器"，单击右键在快捷菜单中单击【程序顺序视图】选项，打开"＋"按钮展开"PROGRAM"下级菜单，选择"ZLEVEL_PRO-FILE"程序，单击右键，选择【复制】，单击右键，选择【粘贴】，如图 10-37 所示。由于是复制了上一个程序操作，所以程序"ZLEVEL_PROFILE_COPY"继承了"ZLEVEL_PROFILE"程序中的一系列参数，如工件、毛坯、切削方式、切削参数、非切削移动等参数。所以只要双击"ZLEVEL_PROFILE_COPY"就可以修改适合于精加工曲面的参数。

② 选择切削方式及切削用量：在"刀轨设置"选项组中按如图 10-38 所示进行设置。

图 10-37 程序复制操作步骤

图 10-38 设置切削模式及步距

③ 设置切削深度：单击  按钮，进行如图 10-39 所示设置，单击【确定】按钮。

④ 设置进给参数：单击 按钮，进行如图 10-40 所示设置，单击【确定】按钮。

图 10-39 设置切削深度参数

图 10-40 设置进给和速度参数

⑤ 生成刀具轨迹：在"操作"选项组中单击图标 ，计算生成刀具轨迹，如图 10-41 所示。

五、精加工侧壁曲面（平底铣刀）

① 在资源条中单击按钮 ，弹出"工序导航器"，单击右键，在快捷菜单中单击【程序顺序视图】选项，打开"＋"按钮展开"PROGRAM"下级菜单，选择"ZLEVEL _ PROFILE"程序，单击右键，选择【复制】，单击右键，选择【粘贴】，如图 10-42 所示。由于是复制了上一个程序操作，所以程序"ZLEVEL _ PROFILE _ COPY _ 1"继承了

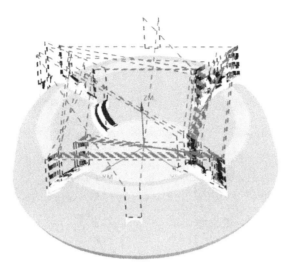

图 10-41　精加工曲面刀具轨迹

"ZLEVEL ＿ PROFILE"程序中的一系列参数，如工件、毛坯、切削方式、切削参数、非切削移动等参数。所以只要双击"ZLEVEL ＿ PROFILE ＿ COPY ＿ 1"就可以修改适合于精加工曲面的参数。

　　② 选择切削方式及切削用量：在"刀轨设置"选项组中按如图 10-43 所示进行设置。

图 10-42　程序复制操作步骤

图 10-43　设置切削模式及步距

　　③ 设置切削深度：单击 按钮，进行如图 10-44 所示设置，单击【确定】按钮。

　　④ 设置进给参数：单击 按钮，进行如图 10-45 所示设置，单击【确定】按钮。

　　⑤ 生成刀具轨迹：在"操作"选项组中单击图标 ，计算生成刀具轨迹，如图 10-46 所示。

六、进行仿真模拟加工

　　在资源条中单击按钮 ，弹出"工序导航器"，在"工序导航器"中选择所有刀轨，单击右键，在快捷菜单中单击【刀轨】/【确认】选项，弹出"可视化刀具轨迹"对话框。选择"2D 动态"选项卡，单击 按钮，完成模拟加工，如图 10-47 所示，观察加工过程是否合理，如果存在问题，再进一步修改参数。

图 10-44　设置切削深度参数

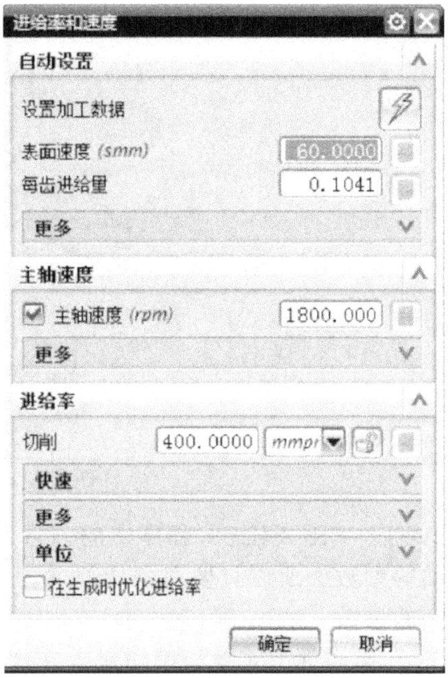

图 10-45　设置进给和速度参数

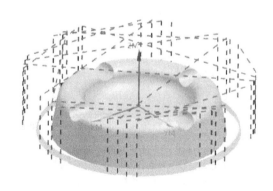

图 10-46　精加工曲面刀具轨迹

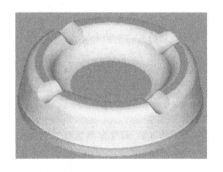

图 10-47　仿真模拟加工

七、后处理

在"操作导航器"中选择需进行后处理的刀具路径，单击"后处理"图标 ，或单击右键，在快捷菜单中单击【刀轨】/【后处理】选项，弹出"后处理"对话框，对所用机床、文件存储位置、单位等内容进行设置，如图 10-48 所示，单击【确定】按钮，生成数控加工 NC 程序，如图 10-49 所示。

图 10-48　后处理操作步骤

图 10-49　后置处理生成数控加工 NC 程序

附　　录

附表 1　GSK980-TD 数控车床辅助功能指令表

指令	功能	指令	功能
M00	程序暂停	M11	尾座退
M03	主轴正转	M12	卡盘夹紧
M04	主轴反转	M13	卡盘松开
* MO5	主轴停止	M32	润滑开
M08	冷却液开	* M33	润滑关
* M09	冷却液关	* M41、M42、* M43、M44	主轴自动换挡

注：标准 PLC 定义的标"＊"的指令上电时有效。

附表 2　GSK980-TD 数控车床准备功能指令表

指令字	组别	功　　能	备　注
G00		快速移动	初态 G 指令
G01		直线插补	模态 G 指令
G02		圆弧插补(逆时针)	模态 G 指令
G03		圆弧插补(顺时针)	模态 G 指令
G32	01	螺纹切削	模态 G 指令
G90		轴向切削循环	模态 G 指令
G92		螺纹切削循环	模态 G 指令
G94		径向切削循环	模态 G 指令
G04		暂停、准停	非模态 G 指令
G28		返回机械零点	非模态 G 指令
G50	00	坐标系设定	非模态 G 指令
G65		宏指令	非模态 G 指令
G70		精加工循环	非模态 G 指令

指令字	组别	功　能	备　注
G71	00	轴向粗车循环	非模态 G 指令
G72		径向粗车循环	
G73		封闭切削循环	
G74		轴向切槽多重循环	
G75		径向切槽多重循环	
G76		多重螺纹切削循环	
G96	02	恒线速开	模态 G 指令
G97		恒线速关	初态 G 指令
G98	03	每分进给	初态 G 指令
G99		每转进给	模态 G 指令
G40	04	取消刀尖半径补偿	初态 G 指令
G41		刀尖半径左补偿	模态 G 指令
G42		刀尖半径右补偿	

附表 3　普通螺纹公称直径、螺距和基本尺寸 (GB/T 196—1981)

公称直径 D、d		螺距 P		粗牙中径 D_2、d_2	粗牙小径 D_1、d_1
第一系列	第二系列	粗牙	细牙		
3		0.5	0.35	2.675	2.459
	3.5	(0.6)		3.110	2.850
4		0.7	0.5	3.545	3.242
	4.5	(0.75)		4.013	3.688
5		0.8		4.480	4.134
6		1	0.75,(0.5)	5.350	4.917
8		1.25	1,0.75,(0.5)	7.188	6.647
10		1.5	1.25,1,0.75,(0.5)	9.026	8.376
12		1.75	1.5,1.25,1,(0.75),(0.5)	10.863	10.106
	14	2	1.5,(1.25),1,(0.75),(0.5)	12.701	11.835
16		2	1.5,1,(0.75),(0.5)	14.701	13.835
	18	2.5	2,1.5,1,(0.75),(0.5)	16.376	15.294
20		2.5		18.376	17.294
	22	2.5	2,1.5,1,(0.75),(0.5)	20.376	19.294
24		3	2,1.5,1,(0.75)	22.051	20.752
	27	3	2,1.5,1,(0.75)	25.501	23.752
30		3.5	(3)2,1.5,1,(0.75)	27.727	26.211

公称直径 D、d		螺距 P		粗牙中径 D_2、d_2	粗牙小径 D_1、d_1
第一系列	第二系列	粗牙	细牙		
	33	3.5	(3)2,1.5,1,(0.75)	30.727	29.211
36		4	3,2,1.5,(1)	33.402	31.670
	39	4		36.402	34.670
42		4.5	(4),3,2,1.5,(1)	39.077	37.129
	45	4.5		42.077	40.129
48		5	(4),3,2,1.5,(1)	44.752	42.587
	52	5		48.752	46.587
56		5.5	4,3,2,1.5,(1)	52.428	50.046
	60	(5.5)		56.428	54.046
64		6		60.103	57.505
	68	6		64.103	61.505

注：1. 公称直径优先选用第一系列，第三系列未列入。括号内的螺距尽可能不用。

2. M14×1.25 仅用于火花塞。

附表4 普通螺纹钻底孔直径尺寸

公称直径 D	粗牙螺纹		细牙螺纹	
	螺距	底孔直径	螺距	底孔直径
1	0.25	0.75	0.2	0.8
2	0.4	1.6	0.25	1.75
3	0.5	2.5	0.35	2.65
4	0.7	3.3	0.5	3.5
5	0.8	4.2	0.5	4.5
6	1	5	0.75	5.2
8	1.25	6.7	1	7
			0.75	7.2
10	1.5	8.5	1.25	8.7
			1	9
			0.75	9.2
12	1.75	10.2	1.5	10.5
			1.25	10.7
			1	11
14	2	11.9	1.5	12.5
			1.25	12.7
			1	13

公称直径 D	粗牙螺纹		细牙螺纹	
	螺距	底孔直径	螺距	底孔直径
16	2	13.9	1.5	14.5
			1	15
18	2.5	15.4	2	15.9
			1.5	16.5
			1	17
20	2.5	17.4	2	17.9
			1.5	18.5
			1	19
22	2.5	19.4	2	19.9
			1.5	25
			1	21
24	3	20.9	2	21.9
			1.5	22.5
			1	23
27	3	23.9	2	24.9
			1.5	25.5
			1	26
30	3.5	26.3	3	26.9
			2	27.9
			1.5	28.5
			1	29
33	3.5	29.3	3	29.9
			2	30.9
			1.5	31.5
36	4	31.8	3	32.9
			2	33.9
			1.5	34.5
39	4	34.8	3	35.9
			2	36.9
			1.5	37.5
42	4.5	37.3	4	37.8
			3	38.9
			2	39.9
			1.5	40.5
45	4.5	40.3	4	40.8
			3	41.9

公称直径 D	粗牙螺纹		细牙螺纹	
	螺距	底孔直径	螺距	底孔直径
45	4.5	40.3	2	42.9
			1.5	43.5
48	5	42.7	4	43.8
			3	43.9
			2	45.9
			1.5	46.5
52	5	46.7	4	47.8
			3	48.9
			2	49.9
			1.5	50.5

附表 5　FANUC 0i Mate 数控铣床准备功能指令表

代码	分组	意　义	代码	分组	意　义
G00		快速进给、定位	G40		刀径补偿取消
G01	01	直线插补	G41	07	左刀径补偿
G02		圆弧插补 CW(顺时针)	G42		右刀径补偿
G03		圆弧插补 CCW(逆时针)	G43	08	刀具长度补偿＋
G04		暂停	G44		刀具长度补偿－
G07	00	假想轴插补	G45		刀具位置补偿伸长
G09		准确停止	G46	00	刀具位置补偿缩短
G10		数据设定	G47		刀具位置补偿 2 倍伸长
G15	18	极坐标指令取消	G48		刀具位置补偿 2 倍缩短
G16		极坐标指令	G49	00	刀具位置补偿取消
G17		XY 平面	G50	11	比例缩放取消
G18	02	ZX 平面	G51		比例缩放
G19		YZ 平面	G50.1	19	程序指令镜像取消
G20	06	英制输入	G51.1		程序指令镜像
G21		米制输入	G52	00	局部坐标系设定
G22	04	存储行程检测功能 ON	G53		机械坐标系选择
G23		存储行程检测功能 OFF	G54		工件坐标系 1 选择
G27		回归参考点检查	G55		工件坐标系 2 选择
G28	00	回归参考点	G56	12	工件坐标系 3 选择
G29		由参考点回归	G57		工件坐标系 4 选择
G30		回归第 2、3、4 参考点	G58		工件坐标系 5 选择

代码	分组	意　　义	代码	分组	意　　义
G59	12	工件坐标系 6 选择	G80		固定循环取消
G60	00	单方向定位	G81	09	钻削固定循环、钻中心孔
G61		准确停止状态	G82		钻削固定循环、锪孔
G62	15	自动转角速率	G83		深孔钻削固定循环
G63		攻螺纹状态	G84		攻螺纹固定循环
G64		切削状态	G85		镗削固定循环
G65	00	宏调用	G86	9	退刀形镗削固定循环
G66		宏模态调用 A	G87		镗削固定循环
G66.1	14	宏模态调用 B	G88		镗削固定循环
G67		宏模态调用 A/B 取消	G89		镗削固定循环
G68	16	坐标旋转	G90	03	绝对方式
G69		坐标旋转取消	G91		增量方式
G73		深孔钻削固定循环	G92	00	工件坐标系设定
G74	09	左螺纹攻螺纹固定循环	G98	10	返回固定循环初试点
G76		精镗固定循环	G99		返回固定循环 R 点

附表 6　FANUC 0i Mate 数控铣床辅助功能指令表

代　码	功 能 说 明	代　码	功 能 说 明
M00	程序停止	M09	切削液停止
M01	选择停止	M21	X 轴镜像
M02	程序结束	M22	Y 轴镜像
M03	主轴转动	M23	镜像取消
M04	主轴反转	M30	程序结束
M05	主轴停止	M98	调用子程序
M08	切削液打开	M99	子程序结束

参 考 文 献

[1] 王平. 数控机床与编程实用教程. 北京：化学工业出版社，2007.

[2] 张晓东，王小玲. 数控编程与加工技术. 北京：机械工业出版社，2008.

[3] 李锋，白一帆. 数控铣削变量编程实例教程. 北京：化学工业出版社，2008.

[4] 罗辑. 数控加工工艺及刀具. 重庆：重庆大学出版社，2007.

[5] 胡如祥. 数控加工编程与操作. 大连：大连理工大学出版社，2008.

[6] 陈华，陈炳森. 零件数控铣削加工. 北京：北京理工大学出版社，2012.

[7] 卢志珍，何时剑. 机械测量技术. 北京：机械工业出版社，2011.

[8] 田春霞. 数控加工工艺. 北京：机械工业出版社，2008.

[9] 丛娟. 数控加工工艺与编程. 北京：机械工业出版社，2007.

[10] 展迪优. UG NX8.0 数控加工教程. 北京：机械工业出版社，2012.